青少年编程魔法课堂

C++

图形化创意编程

张新华 葛阳 伍婉秋 著

```cpp
int main()
{
    cout << "Hello World";
    return 0;
}
```

人民邮电出版社

北 京

图书在版编目（CIP）数据

青少年编程魔法课堂. C++图形化创意编程 / 张新华，
葛阳，伍婉秋著. -- 北京：人民邮电出版社，2022.5
ISBN 978-7-115-58445-8

Ⅰ.①青… Ⅱ.①张… ②葛… ③伍… Ⅲ.①程序设计－青少年读物②C++语言－程序设计－青少年读物
Ⅳ.①TP311.1-49②TP312.8-49

中国版本图书馆CIP数据核字(2022)第017667号

内 容 提 要

这是一本专为没有编程基础的读者编写的C++入门书，即使是小学生也可以轻松阅读本书。与多数C++入门书籍不同的是，本书基于作者改进的Dev-C++开发工具。该工具结合了游戏开发过程中经常使用的三维动画引擎（OpenGL）等技术，借鉴了绘图式编程语言（LOGO）的特点，使入门者只需通过极简单的几行代码，就能实现复杂而有趣的三维图形和动画的绘制。

全书包含十几个短小且趣味性强的程序，通过游戏化编程的方式，激发孩子们对计算机编程的兴趣，使他们能够轻松进入图形化C++的奇妙世界。

◆ 著　　　　张新华　葛　阳　伍婉秋
　　责任编辑　赵祥妮
　　责任印制　陈　犇
◆ 人民邮电出版社出版发行　　北京市丰台区成寿寺路 11 号
　　邮编　100164　　电子邮件　315@ptpress.com.cn
　　网址　https://www.ptpress.com.cn
　　临西县阅读时光印刷有限公司印刷
◆ 开本：720×960　1/16
　　印张：11.25　　　　　　　　　2022 年 5 月第 1 版
　　字数：127 千字　　　　　　　 2022 年 5 月河北第 1 次印刷

定价：59.90 元

读者服务热线：(010)81055410　印装质量热线：(010)81055316
反盗版热线：(010)81055315
广告经营许可证：京东市监广登字 20170147 号

2017 年 7 月 8 日，国务院印发《新一代人工智能发展规划》。规划指出，人工智能已成为国际竞争的新焦点，应逐步实施全民智能教育项目，在中小学阶段设置人工智能相关课程，逐步推广编程教育，鼓励社会力量参与寓教于乐的编程教学软件、游戏的开发和推广。建设人工智能学科，重视复合型人才培养，形成我国人工智能人才高地。

但在人们的普遍印象中，程序代码犹如天书，枯燥难懂，编程似乎只有极少数的孩子才能学会。所以，如何让更多孩子更轻松地学习编程，并享受编程的乐趣，一直是全世界编程教育工作者想要努力解决的问题。

20 世纪 60 年代，麻省理工学院（MIT）的人工智能实验室开发了一款名为 LOGO 的编程语言。该语言结合儿童的心理认知特点，通过向前、后退、向左转、向右转、回家等儿童易于理解的语言和命令，控制屏幕上的"海龟"绘制出简单的二维图形。这种直观的编程方式能充分引起儿童的兴趣，调动儿童学习该语言的积极性，达到寓教于乐的目的。

2007 年，一款由麻省理工学院设计开发的少儿编程工具——Scratch 发布，并迅速风靡世界。该编程工具的特点是：使用者无须编写代码，只需要通过类似"堆叠"积木的方式即可完成程序的编写。孩子们通过这款工具，能快速掌握编程技巧，并在不断的"堆叠"中充分发挥自己的想象力和创造力。

对于 C++ 的学习者来说，有没有一款类似 Scratch 简单易学、编程方式直观、趣味性强的开发工具呢？基于这样的想法，笔者从 2016 年开始，在 Dev-C++ 5.x 的基础上，结合 OpenGL 三维动画引擎等技术改进了 Dev-C++ 智能开发平台。该平台入选了全国教育科学"十三五"规划教育部重点课题"中小学智能实验教学系统的构建与应用实践研究"子课题。

Dev-C++ 智能开发平台不仅可以实现 LOGO 语言的二维绘图功能，还可以轻松地实现三维图形的绘制、三维动画的制作及基于语音交流的弱人工智能，并能开发桌面小游戏……

教学反馈表明，Dev-C++ 智能开发平台能够极大地激发孩子学习计算机编程的兴趣，使孩子在新颖有趣、寓教于乐的编程过程中逐渐培养计算思维。

基于 Dev-C++ 智能开发平台，我们精选了十几个趣味性强的程序汇编成本书。这些程序的代码简单且易于实现，大大降低了学习难度，非常适合 C++ 入门培训和初学者自学。

由于水平有限，Dev-C++ 智能开发平台及本书难免存在疏漏之处，欢迎同仁或读者指正。如果在使用过程中发现任何问题，请发送电子邮件到 hiapollo@sohu.com，希望读者对本书及软件提出宝贵意见以便进一步改进。

张新华

2022 年 4 月

部分程序效果示例图

绘制茶壶　绘制球体　绘制五角星

绘制螺旋图形　绘制立方体　递归绘制图形

五子棋游戏　绘制金字塔　美丽「星世界」

递归绘制雪花　递归生成二叉树　递归生成三叉树

目录

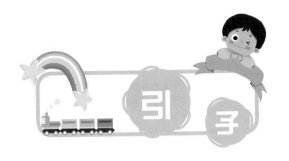

Dev-C++ 智能开发平台的安装

从 www.magicoj.com 下载 Dev-C++ 智能开发平台。

Dev-C++ 智能开发平台要求操作系统是 Windows 7 或以上的版本，推荐 Windows 10（因为可以使用软件中的语音功能），计算机内存 4GB 或以上，硬盘可使用空间 700MB 或以上。

鼠标左键双击运行下载好的安装程序，如图 A.1 所示。

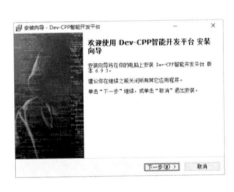

◎ 图 A.1

单击"下一步"按钮，出现选择安装目录的界面，如图 A.2 所示，建议使用默认安装选项。

◎ 图 A.2

　　安装完成后，运行 Dev-C++ 智能开发平台，将进入初始设置界面。如果没有出现初始设置界面或者出现弹出错误提示对话框等情况，可在 Dev-C++ 智能开发平台的"工具"菜单里选择"环境选项"，在"文件和路径"选项卡下单击"删除设置并退出"按钮，如图 A.3 所示。然后再重新运行 Dev-C++ 智能开发平台，即可出现初始设置界面。

◎ 图 A.3

设置好的界面如图 A.4 所示。

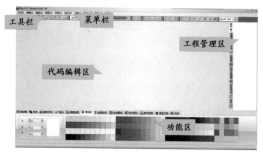

◎ 图 A.4

Dev–C++ 智能开发平台添加了许多实用的功能，如代码数据库管理、Pascal 语言转换 C++ 语言、换肤及设计皮肤等，其中换肤功能如图 A.5 所示。

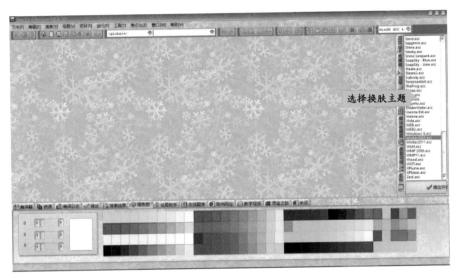

◎ 图 A.5

小试牛刀，
玩出不一样的
C++

青少年编程魔法课堂 C++ 图形化创意编程

第一课 玩转三维模型——
从茶壶的绘制开始

学习目标

本课我们将学习使用C++绘制一个图1.1所示的三维模型——茶壶。

◎ 图 1.1

我们将学到的主要知识点如下。

（1）Dev-C++ 智能开发平台的使用方法。

（2）C++ 代码的基本框架。

（3）注释语句的使用。

（4）三维模型的绘制。

准备知识

运行 Dev-C++ 智能开发平台后，单击 Dev-C++ 智能开发平台工具栏上的"笑脸"图标，如图1.2所示，创建一个三维动画工程。

◎图 1.2

弹出"新项目"对话框,用鼠标指针选中绘图程序,单击"确定"按钮,如图 1.3 所示。

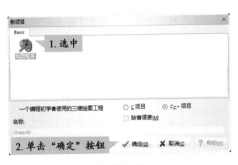

◎图 1.3

如图 1.4 所示,在弹出的"另存为"对话框中选择合适的位置保存工程项目。一个三维动画项目中包含多个文件和文件夹,所以必须新建一个文件夹,将该工程项目中所有的文件和文件夹都保存在这个新建的文件夹中以便管理。

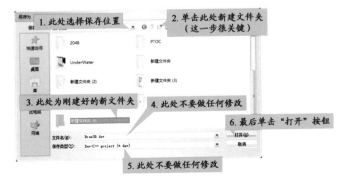

◎图 1.4

在弹出的对话框中单击"打开"按钮，如图 1.5 所示。

◎ 图 1.5

随后的设置均为默认选项，不做任何变动和修改，即可打开 main.
cpp，如图 1.6 所示。可以看到，该文件里已经自动写好了几行 C++ 代
码，这种 .cpp 格式的文件被称为 C++ 源代码文件。

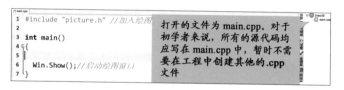

◎ 图 1.6

　　#include "picture.h" 表示包含一个名为 picture.h 的头文件
（header file），有了这一句，就可以实现 Dev-C++ 智能开发平
台的扩展功能（如绘图等）。include 的中文意思是"包含"。
　　int 是英文 integer 的缩写，其中文意思是"整数"，表示程
序如果正常结束，会给系统发送一条整数信息。

main() 是函数的名称，函数是指能完成一定功能的程序块。函数的函数体用一对花括号括住，如第 4 行至第 7 行。C++ 代码中，必须有且只能有一个名为 main() 的函数，程序运行时由 main() 函数里的第一条语句开始执行，结束于 main() 函数里的最后一条语句。

第 6 行代码，即 Win.Show();，用于显示绘图窗口。Show 的中文意思是"显示"。该语句应该放在绘图语句的最后一行，如果删除了该行代码，程序运行时就不会显示绘图窗口了。

代码中的 "//" 表示 C++ 语言里的注释语句。"//" 之后的该行内容不参与编译和运行，所以注释语句的多少不影响程序运行的快慢。

如果要对一段代码进行注释，就要成对使用 "/* */"，处于其中的所有字符均被注释，如图 1.7 所示。

```
1    /*
2        这是我今天写的一个程序，        这段语句不会
3        虽然很简单，但我相信，          被执行
4        我一定会写出伟大的程序的
5    */
6    #include "picture.h" //加入绘图头文件
7
8    int main()
9 ┌ {
10   │
11   │    Win.Show();//启动绘图窗口
12 └ }
```

◎ 图 1.7

源代码文件其实就是文本文件，它是不可以直接运行的，必须要编译成 .exe 文件后方可运行。.exe 文件是由 0 和 1 组成的二进制可执行文件（executable file），可以被计算机识别运行。在工具栏中单击"编译运行"按钮，如图 1.8 所示。

小试牛刀，玩出不一样的 C++

◎ 图 1.8

如果编译运行成功，将弹出一个标准控制台窗口和一个绘图窗口，如图 1.9 所示。

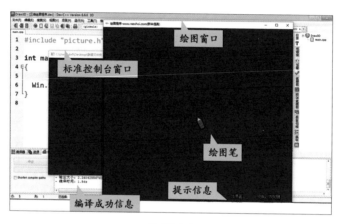

◎ 图 1.9

普通的 Dev-C++ 软件运行时只有一个标准的控制台窗口，它是默认的数据输入输出窗口。Dev-C++ 智能开发平台增加了一个绘图窗口，可以在上面绘制图形和动画。

动手实践

输入绘制茶壶命令，如图 1.10 第 5 行代码所示。Model 的中文意思是"模型"，Teapot 的中文意思是"茶壶"，"."可以看作汉字"的"，因此，Model.Teapot 可以理解为"模型库中的茶壶"。

茶壶显示的风格和大小由随后一对括号中的两个参数确定，其中第一个参数 50 表示茶壶尺寸，第二个参数 0 表示以网格风格绘制（1 表示以实体风格绘制）。

```
main.cpp
1  #include "picture.h" //加入绘图头文件
2
3  int main()
4 ┌{
5  │   Model.Teapot(50,0);    当前所有的代码
6  │   Win.Show();//启动绘图  都写在 main() 函
7 └}                          数体内
```

◎ 图 1.10

C++ 语言是字母大小写敏感的，要注意不能将字母的大小写写错。如图 1.11 所示，如果把 Teapot 写成了 teapot，编译时程序会报错。此外，还要注意每行代码的结尾都要用分号 ";" 结束，否则编译时也会报错。

```
1  #include "picture.h" //加入绘图头文件
2
3  int main()
4 ┌{
5  │   Model.teapot(50,0);
6  │   Win.Show();//启动     此处是错误提示，双击该行可
7 └}                         以定位到错误行，但有时该行
                             的错误也可能是因为前面的代
                             码行错误
```

品品 编译器 (3)	雷 资源	血 编译日志	✔ 调试	搜索		购书
行	列	单元				
		C:\Users\dell\Desktop\新建文件夹 (5)\main.cpp		In function 'int main()':		
5	9	C:\Users\dell\Desktop\新建文件夹 (5)\main.cpp		[Error] 'class model' has no member named 'teapot'		
28		C:\Users\dell\Desktop\新建文件夹 (5)\Makefile.win		recipe for target 'main.o' failed		

◎ 图 1.11

输入的所有字符都应该是英文半角字符，只要把输入法设置为英文半角状态而不是中文状态即可。如图 1.12 所示，第 5 行代码的末尾是使用中文输入法输入的分号 "；"，而不是英文半角状态下输入的分号 ";"，所以编译时出现了错误提示。

```
1  #include "picture.h" //加入绘图头文件
2
3  int main()
4  {
5    Model.teapot(50,1);
6    Win.Show();//启动绘图窗口
7  }
```

类似这样的错误提示，通常表示有中文字符存在

编译器 (6)	资源			绘图助手	在线题库
行	列	单元			
5	3	C:\Users\dell\Desktop\新建文件夹 (5)\main.cpp	[Error] stray '\243' in program		
5	3	C:\Users\dell\Desktop\新建文件夹 (5)\main.cpp	[Error] stray '\273' in program		

◎ 图 1.12

如果输入的代码无误，编译运行成功后，会显示出一只三维空间的茶壶。

如果按 Alt + 3 键，视图将切换为 3D 显示模式，此时用鼠标单击绘图区域或者按"上""下""左""右"方向键，可以改变物体的观察方向，如图 1.13 所示。

3D 显示模式下可以改变观察视角

◎ 图 1.13

绘图窗口中，所有快捷键的功能如表 1.1 所示。

表 1.1　绘图窗口中的快捷键及其功能

按键	功能	按键	功能
Alt + 1	正视图模式	Alt + 6	左视图模式
Alt + 2	2D 显示模式	Alt + 7	后视图模式
Alt + 3	3D 显示模式	Alt + 8	底视图模式
Alt + 4	俯视图模式	Alt + 9	放大模式
Alt + 5	右视图模式	Alt + 0	缩小模式
Alt + BackSpace	代码提示及代码自动补全		

如图 1.14 所示，打开保存该工程的文件夹，可以看到文件夹中包含了一个子文件夹及多个文件。其中的"三维绘图程序.exe"就是刚才已编译好的可执行文件，它可以直接运行，无须 Dev-C++ 智能开发平台的支持。

◎ 图 1.14

不要单独打开 main.cpp 文件编写代码，因为 main.cpp 只是整个工程的一个文件。正确的方式是双击运行名为"三维绘图程序.dev"的工程文件，调用 Dev-C++ 智能开发平台打开 main.cpp 文件后再进行代码的修改，否则会出现如图 1.15 所示的错误信息。

```
1  #include <bits/stdc++.h>
2  #include <Pen.h>
3  #include <MATH0.h>
4  #include <LoadModel.h>
5  #include <Model.h>
6  #include <sound.h>
7  #include <win.h>
```

编译器	资源	编译日志	调试	搜索结果	调色板	绘图助手	在线题库

行	列	单元	信息	
1	0	C:\Users\dell\Desktop\新建文件夹 (5)\main.cpp	In file included from C:\Users\dell\Desktop\	找不到名为 Pen.h
2	17	C:\Users\dell\Desktop\新建文件夹 (5)\picture.h	[Error] Pen.h: No such file or directory compilation terminated.	的头文件

◎ 图 1.15

如图 1.16 所示，加上命令 Win.Run(x,y) 可使绘制物体旋转，括号中的 x 和 y 是两个整数，分别表示水平旋转和垂直旋转的速度。例如 Win.Run(10,0) 和 Win.Run(−10,0) 分别表示从左向右旋转和从右向左旋转，Win.Run(0,10) 和 Win.Run(0,−10) 表示自上而下的旋转和自下而上的旋转。

```
1  #include "picture.h" //加入绘图头文件
2
3  int main()
4  {
5    Model.Teapot(50,1);
6    Win.Run(10,1);
7    Win.Show();//启动绘图窗口
8  }
```

◎ 图 1.16

扩展任务

为三维模型设置材质的函数为 Model.Material()，例如 Model.Material(2); 可设置绘制的三维模型为黄铜材质，如图 1.17 所示。

◎ 图 1.17

材质参数如表 1.2 所示。请编写代码，设置绘制的茶壶为自己喜欢的材质。

表 1.2 材质参数

参数	材质	参数	材质	参数	材质	参数	材质
0	标准色	5	铬	10	亮银	15	红宝石
1	银	6	亮铜	11	祖母绿	16	绿松石
2	黄铜	7	金	12	碧玉	17	黑塑料
3	青铜	8	亮金	13	黑曜石	18	黑橡胶
4	亮青铜	9	白蜡	14	珍珠	19	紫罗兰

课后练习

练习1 请通过查阅 Dev-C++ 智能开发平台功能区的 "绘图助手" 或附录中的绘图函数库，尝试绘制各种立体图形，如绘制一个图 1.18 所示的五角星。

◎ 图 1.18

第二课 认识 ASCII——绘制奇妙的字符画

学习目标

本课我们将学习绘制类似图 2.1 所示的 ASCII 字符画。

我们将学到的主要知识点如下。

（1）ASCII 码表的概念。

（2）输出语句 cout 的使用。

（3）换行符 "\n" 的使用。

（4）控制台颜色设置命令 Cmd.BackColor("XY") 的使用。

（5）转义字符的使用。

◎ 图 2.1

准备知识

接触一门新的编程语言，初学者学到的第一个程序通常是实现在屏幕上显示 "hello,world" 这一行字符串。"hello,world" 的中文含义是

"你好，世界"。最早是一本名为 *The C Programming Language* 的书使用它作为第一个演示程序，后来的程序员在学习编程时延续了这一习惯。

C++ 的输出使用 cout 和流插入运算符 "<<"，以 "流"（stream）的方式实现。因为数据的传输过程就像流水一样从一个地方流到另一个地方，所以 C++ 将此过程称为 "流"。图 2.2 演示了通过流进行输出的过程。

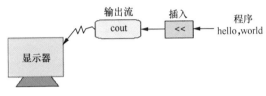

◎ 图 2.2

我们将用 cout 语句输出由 ASCII 码表内的字符组成的字符画。ASCII 码表是美国国家标准学会（American National Standards Institute，ANSI）制定的美国信息交换标准代码（American Standard Code for Information Interchange，ASCII），如表 2.1 所示，它统一规定了常用符号用哪些数字来表示。

　　英文字母、数字还有一些常用的符号（如*、#、@等）在计算机中是使用数字（二进制数）来表示的。具体用哪个数字表示哪个符号，虽然每个人都可以约定自己的一套编码规则，但如果要实现互相通信且不造成混乱，就必须使用相同的编码规则。

青少年编程魔法课堂 C++ 图形化创意编程

表 2.1　ASCII 码表

ASCII 值	控制字符	ASCII 值	控制字符	ASCII 值	控制字符	ASCII 值	控制字符
0	NUL	32	(space)	64	@	96	`
1	SOH	33	!	65	A	97	a
2	STX	34	"	66	B	98	b
3	ETX	35	#	67	C	99	c
4	EOT	36	$	68	D	100	d
5	ENQ	37	%	69	E	101	e
6	ACK	38	&	70	F	102	f
7	BEL	39	'	71	G	103	g
8	BS	40	(	72	H	104	h
9	HT	41	)	73	I	105	i
10	LF	42	*	74	J	106	j
11	VT	43	+	75	K	107	k
12	FF	44	,	76	L	108	l
13	CR	45	–	77	M	109	m
14	SO	46	.	78	N	110	n
15	SI	47	/	79	O	111	o
16	DLE	48	0	80	P	112	p
17	DCI	49	1	81	Q	113	q
18	DC2	50	2	82	R	114	r
19	DC3	51	3	83	S	115	s
20	DC4	52	4	84	T	116	t
21	NAK	53	5	85	U	117	u
22	SYN	54	6	86	V	118	v
23	ETB	55	7	87	W	119	w
24	CAN	56	8	88	X	120	x
25	EM	57	9	89	Y	121	y
26	SUB	58	:	90	Z	122	z
27	ESC	59	;	91	[	123	{
28	FS	60	<	92	\	124		
29	GS	61	=	93	]	125	}
30	RS	62	>	94	^	126	~
31	US	63	?	95	_	127	DEL

C++ 在显示器上输出 "hello,world" 的实现代码如图 2.3 所示。

```
1    #include "picture.h" //加入绘图头文件
2
3    int main()
4   {
5       cout<<"hello,world";
6       Win.Show();//启动绘图窗口
7   }
```

◎ 图 2.3

第 5 行代码为输出语句，cout 用于输出紧随流插入运算符 "<<" 后的双引号中的字符串。

如果在显示器上输出多行字符串是不是就需要多写几行这样的代码呢？我们尝试运行如下的代码。

```
1     #include "picture.h" //加入绘图头文件
2
3     int main()
4     {
5        cout<<"东临碣石，以观沧海。";
6        cout<<"水何澹澹，山岛竦峙。";
7        cout<<"树木丛生，百草丰茂。";
8        cout<<"秋风萧瑟，洪波涌起。";
9        cout<<"日月之行，若出其中。";
10       cout<<"星汉灿烂，若出其里。";
11       cout<<"幸甚至哉，歌以咏志。";
12       Win.Show();//启动绘图窗口
13    }
```

运行效果如图 2.4 所示。

◎ 图 2.4

可以看到运行效果并不是想象中的逐行输出。还需要在代码中加入换行符"\n"，代码如下。

```
1   #include "picture.h" //加入绘图头文件
2
3   int main()
4   {
5     cout<<"东临碣石，以观沧海。\n";
6     cout<<"水何澹澹，山岛竦峙。\n";
7     cout<<"树木丛生，百草丰茂。\n";
8     cout<<"秋风萧瑟，洪波涌起。\n";
9     cout<<"日月之行，若出其中。\n";
10    cout<<"星汉灿烂，若出其里。\n";
11    cout<<"幸甚至哉，歌以咏志。\n";
12    Win.Show();//启动绘图窗口
13  }
```

Cmd.BackColor("XY") 可以设置控制台窗口的背景色和前景色，其中 X 和 Y 为两个十六进制数，取值为 0~F，分别代表背景色和前景色。0~F 代表的颜色如表 2.2 所示。

表 2.2 0~F 代表的颜色

颜色	数值	颜色	数值
黑色	0	灰色	8
蓝色	1	淡蓝色	9
绿色	2	淡绿色	A
湖蓝色	3	蓝绿色	B
红色	4	淡红色	C
紫色	5	淡紫色	D
黄色	6	淡黄色	E
白色	7	亮白色	F

例如，设置控制台窗口为蓝底绿字，并绘制两棵并排的树的代码如下。

```
1    #include "picture.h"        //加入绘图头文件
2
3    int main()
4    {
5      Cmd.BackColor("12");      //设置控制台背景色和前景色
6      cout<<"    *        *\n";
7      cout<<"   ***      ***\n";
8      cout<<"  *****    *****\n";
9      cout<<" ******* *******\n";
10     cout<<"    *        *\n";
11     cout<<"    *        *\n";
12     Win.Show();//启动绘图窗口
13   }
```

运行效果如图 2.5 所示。

◎ 图 2.5

一些特殊字符无法直接以字符串的形式输出，例如图 2.6 所示的代码是无法通过编译的。

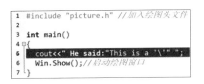

◎ 图 2.6

仔细观察图 2.7 中的红色框，编译时编译器将框内的两个双引号当成了一对，就不知道该如何处理随后的双引号了。

```
5   cout<<" He said:"This is a '\'" ";
```

◎ 图 2.7

除双引号外，诸如反斜杠"\"、单引号"'"等字符也无法直接显示出来。为了正确显示这些特殊字符，可以在这些字符前加"\"，这种特殊字符的显示方法称为转义字符。之前我们用过的换行符"\n"就是转义字符。

使用了转义字符的正确代码如图 2.8 所示。

```
cout<<" He said:\"This is a \'\\\'\" ";
```

◎ 图 2.8

扩展任务

如图 2.9 所示，http://patorjk.com/software/taag 提供了根据英文字母生成各种风格的字符画的功能。请尝试输入任意英文字母，并通过网站生成自己喜欢的风格的字符画。将字符画复制到 main.cpp 源代码文件中，再使用 cout 输出语句将它输出到显示器上。

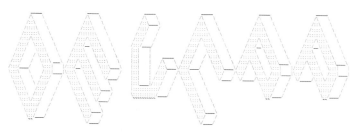

◎ 图 2.9

课后练习

练习　如图 2.10 所示，网络上有一些免费的在线生成字符画的网站，例如 http://www.degraeve.com/img2txt.php 提供了通过网络图片生成字符画的功能。

DeGraeve.com

IMG2TXT: ASCII Art Made Easy!

This script takes the URL of a GIF,
colored HTML. Not very useful. b

Tip: The smaller the image the be
takes too long to process and pri

url of image | https://www.degraeve.com/images/lcsm.gif

此处填上图片的网址（鼠标右键单击网页上的图片，可获得图片地址）

mode: ● ASCII

设置生成字符画的尺寸

width of output: | 100 | (number of characters wide, approx.)

letters to use: | ABCDEFGHIJKLMNOPQRSTUVWXYZ

● in order ○ random (only used in colored HTML mode)

invert?: ● no ○ yes

单击生成字符画

ASCIIFY

◎ 图 2.10

请选择喜欢的网络图片，并通过上述类型的网站生成字符画。将生成的字符画复制到 main.cpp 源代码文件中，使用 cout 输出语句将它输出到显示器上。如果控制台窗口显示的字符画尺寸过大，可通过"Ctrl键 + 鼠标滚轮"的方式缩放尺寸。

第三课 了解二维平面——绘制简单的图形

学习目标

本课我们将学习绘制各种二维图形的方法，比如使用直线绘制一个简单的旋转图形，如图 3.1 所示。

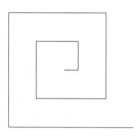

◎ 图 3.1

我们将学到的主要知识点如下。

（1）笛卡儿坐标系的概念。

（2）光学三原色的概念。

（3）二维图形的绘制方法。

准备知识

Dev-C++ 智能开发平台能够在二维平面绘制各种漂亮的图形，二

维平面通常是指由 x 轴和 y 轴组成的平面。

如图 3.2 所示，在平面内画两条互相垂直并且有公共原点的数轴，其中横轴为 x 轴，纵轴为 y 轴。这样我们就在平面上建立了平面直角坐标系，简称直角坐标系。对于该平面中的任何一个点，只要知道该点到 x 轴和 y 轴的距离，就可以确定该点在直角坐标系的唯一位置。

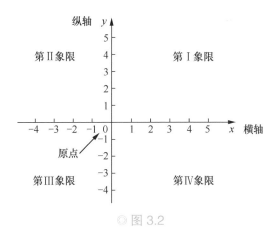

◎ 图 3.2

平面直角坐标系是法国数学家笛卡儿发明的，因此也称为笛卡儿坐标系。在此之前，几何与代数是数学中两个不同的研究领域，平面直角坐标系的发明，表明了几何问题不仅可以归结为代数形式，而且可以通过代数变换来发现和证明几何性质。这就把相互对立的"数"与"形"统一了。

Dev-C++ 智能开发平台的绘图窗口的二维平面是一个 400×400 单位的笛卡儿坐标系，如图 3.3 所示。

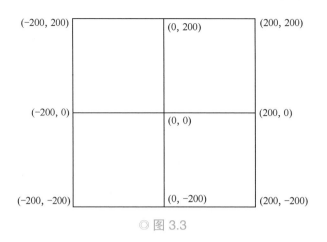

◎ 图 3.3

绘图窗口设置画笔颜色的命令为 Pen.Color(R,G,B)，设置绘图窗口背景色的命令为 Win.BackColor(R,G,B)。其中 R、G、B 分别表示红色、绿色、蓝色的数值。

显示器上显示的颜色是由红色、绿色、蓝色 3 种色光按照不同的比例混合而成的。红色、绿色、蓝色又称为光学三原色，用英文表示就是 R（Red）、G（Green）、B（Blue），(255,0,0) 表示红色，(0,255,0) 表示绿色，(0,0,255) 表示蓝色。

通常情况下，RGB 的数值用整数来表示，从 0 到 255，共 256 级，如图 3.4 所示。

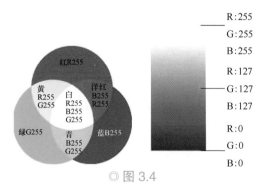

◎ 图 3.4

256 级的 RGB 色彩能组合出约 1678 万种色彩，即 256×256×256 = 16777216（2 的 24 次方），也称为 24 位色。

如图 3.5 所示，Dev-C++ 智能开发平台的软件功能区有一个"调色板"选项卡，可以方便地获得某种颜色的 RGB 值。

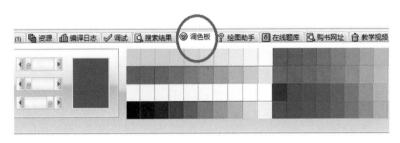

◎ 图 3.5

还可以用数字 0~15 表示 16 种常用颜色，其颜色取值如图 3.6 所示，如语句 Pen.Color(2); 表示设置画笔颜色为绿色。

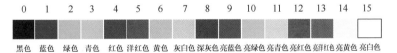

| 0 | 1 | 2 | 3 | 4 | 5 | 6 | 7 | 8 | 9 | 10 | 11 | 12 | 13 | 14 | 15 |
| 黑色 | 蓝色 | 绿色 | 青色 | 红色 | 洋红色 | 黄色 | 灰白色 | 深灰色 | 亮蓝色 | 亮绿色 | 亮青色 | 亮红色 | 亮洋红色 | 亮黄色 | 亮白色 |

◎ 图 3.6

动手实践

编程绘制一个如图 3.7 所示的正方形，思路分析如下。

设定好画笔的速度和宽度。

使画笔前进一段固定的距离后逆时针旋转 90 度，重复 4 次，绘出一个正方形。

青少年编程魔法课堂 C++ 图形化创意编程

◎ 图 3.7

参考代码如下。

```
1    #include "picture.h" //加入绘图头文件
2
3    int main()
4    {
5        Pen.Speed(500);      //画笔完成绘图的时间为500毫秒
6        Pen.LineWidth(3);  //线段宽度为3个单位
7        Pen.Go(100);         //前进100个单位，默认水平向右
8        Pen.Angle(90);       //画笔逆时针旋转90度
9        Pen.Go(100);
10       Pen.Angle(90);
11       Pen.Go(100);
12       Pen.Angle(90);
13       Pen.Go(100);
14       Pen.Angle(90);
15       Win.Show();          //启动绘图窗口
16   }
```

语句 Pen.Speed(500); 表示画笔完成绘图的时间被设置为 500 毫秒，即 0.5 秒。如果不加这句或者括号内的参数为 0，绘图将一次性完成，加了则会将绘制过程一步步地显示到屏幕上（此时画笔将消失）。

语句 Pen. LineWidth(3); 表示设置线段宽度为 3 个单位。

语句 Pen.Go(100); 表示画笔按指定方向向前绘制 100 个单位。初始角度未设置时，默认水平向右。

语句 Pen.Angle(90); 表示画笔绘制的方向在原来基础上逆时针旋转 90 度。如果将括号里的参数设为负数，则表示顺时针旋转相应的角度。

关于角度的设置如图3.8所示。

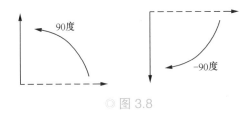

◎图3.8

尝试绘制图3.9所示的图形。

思路分析如下。

（1）设定画笔的颜色等属性。

（2）使画笔前进一段距离后逆时针旋转90度，重复8次，但每次前进的距离要比前一次多10个单位。

◎图3.9

参考代码如下。

```
1    #include "picture.h"          //加入绘图头文件
2
3    int main()
4    {
5      Pen.Color(0,0,255);              //设置画笔颜色为蓝色
6      Win.BackColor(255,255,255);   //设置绘图窗口背景色为白色
7      Pen.Show(0);                      //隐藏画笔
8      Pen.Go(10);
9      Pen.Angle(90);
10     Pen.Go(20);
11     Pen.Angle(90);
```

小试牛刀，玩出不一样的C++

```
12      Pen.Go(30);
13      Pen.Angle(90);
14      Pen.Go(40);
15      Pen.Angle(90);
16      Pen.Go(50);
17      Pen.Angle(90);
18      Pen.Go(60);
19      Pen.Angle(90);
20      Pen.Go(70);
21      Pen.Angle(90);
22      Pen.Go(80);
23      Pen.Angle(90);
24      Pen.Go(90);
25      Win.Show();//启动绘图窗口
26    }
```

绘制一个图 3.10 所示的十字图形。

◎ 图 3.10

参考代码如下。

```
1      #include "picture.h" //加入绘图头文件
2
3      int main()
4      {
5        Win.BackColor(255,255,255);//设置窗口背景色为白色
6        Pen.Color(0,0,0);              //设置画笔颜色为黑色
7        Pen.Go(100);
8        Pen.Back(50);                  //画笔原路返回50个单位
9        Pen.Angle(90);
10       Pen.Go(50);
11       Pen.Back(100);
12       Win.Show();                    //启动绘图窗口
13     }
```

尝试绘制一面图 3.11 所示的旗帜。

◎ 图 3.11

课后练习

练习 1   尝试绘制图 3.12 所示的图形。（提示：每次边长增加 10 个单位。）

◎ 图 3.12

练习 2   尝试绘制图 3.13 所示的图形。

◎ 图 3.13

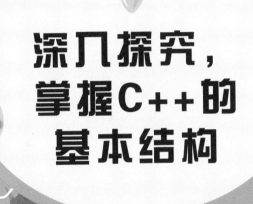

深入探究，
掌握C++的
基本结构

青少年编程魔法课堂 C++ 图形化创意编程

第四课 一重 for 循环——漂亮图形轻松绘

本课我们将学习使用一重 for 循环语句绘制类似图 4.1 所示的图形。

◎ 图 4.1

我们将学到的主要知识点如下。

（1）算术运算符的概念。

（2）数据类型的概念。

（3）变量的概念。

（4）for 循环语句的使用。

准备知识

计算机最强大的功能之一是可以不知疲倦地反复做同样的事情，这一功能可以通过循环语句来实现。

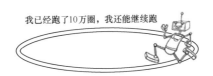

我已经跑了10万圈，我还能继续跑

使用循环结构的程序可以解决一些按一定规则重复执行的问题而无须重复书写代码。循环结构是程序设计中最能发挥计算机特长的程序结构之一。

循环语句需要用到算术运算符和变量。C++ 用到的算术运算符如表 4.1 所示。

表 4.1　算术运算符及其含义和说明

算术运算符	含义	说明
+	加 / 正号	两数相加，例如 2 + 3 的值为 5
−	减 / 负号	两数相减，例如 2-3 的值为 -1
*	乘	两数相乘，例如 2*3 的值为 6
/	除	两数相除，注意两整数相除的结果为整数，例如 3/2 的值为 1 而不是 1.5
%	取余	两整数相除取余数，例如 5%3 的值为 2
()	圆括号	形式和使用方法同数学中的圆括号

C++ 语言没有使用数学中的方括号和花括号运算符，而统一以圆括号代替，例如数学算式 {[3-(2-9)]-[(6-10)-(5-17)]}，写成 C++ 语言的

表达式为 ((3−(2−9))−((6−10)−(5−17)))，计算时由内向外计算圆括号里的值。

又如计算 $x^2 + y^2$ 这样的式子，写成 C++ 的表达式为 x*x+y*y。这里的未知量 x，在 C++ 里被称为变量。变量是计算机语言中能储存计算结果或能表示值的量，其值是可变的。

变量可为整数、浮点数或者字符串等不同的数据类型。整数和浮点数的相关描述如表 4.2 所示。

表 4.2 整数和浮点数的类型和取值范围

	类型	取值范围
整数类型	short	−32768 ~ 32767
	int	−2147483648 ~ 2147483647
浮点类型	float（单精度）	$−3.4×10^{38}$ ~ $3.4×10^{38}$，有效位 6 ~ 7
	double（双精度）	$−1.7×10^{308}$ ~ $1.7×10^{308}$，有效位 15 ~ 16

for 语句是 C++ 里使用最灵活的循环语句之一，一般形式如下。

for(循环变量赋初值 ; 循环条件 ; 循环变量的增 / 减)
{
  执行语句 ;
}

表达式1　　表达式2　　表达式3

for 语句的执行过程如下。

（1）求解表达式 1。

（2）求解表达式 2，若其值为真，则执行 for 语句的内嵌语句，然后执行下面第（3）步；若其值为假，则转到第（5）步。

（3）求解表达式 3。

（4）转回上面第（2）步继续执行。

（5）循环结束，执行 for 语句下面的一个语句。

例如，用 for 循环语句求 1 + 2 + 3 + ⋯ + 100 的值的参考程序如下。

```
1    #include "picture.h" //加入绘图头文件
2
3    int main()
4    {
5      int sum=0,i;                //定义循环变量i
6      for(i=1; i<=100; i++) //i赋初值；循环成立条件为i≤100;i的值会在每次循环执行后自动加1
7      {
8        sum=sum+i;               //将sum+i的值赋给sum
9      }
10     cout<<sum;
11     Win.Show();                //启动绘图窗口
12   }
```

第 5 行定义了两个变量 sum 和 i，并指定其数据类型为 int。

第 6 行的 i=1，表示将 1 赋值给 i。注意这里的 "="与数学里的等号是不同的概念，C++ 中的 "="表示将右边的值赋给左边的变量，所以如果写成 1=i 是无法编译的。

第 6 行的 i++ 中的 ++，是 C++ 的自增运算符，与之相对应的是自减运算符 --。

C++ 的自增运算符 ++ 和自减运算符 -- 的作用是使变量自身的值增 1 或减 1，示例如下。

i++ 表示在使用 i 之后，i 的值加 1，如 i=10，执行 i++ 语句后，i 的值就变为 11 了。

i-- 表示在使用 i 之后，i 的值减 1，如 i=10，执行 i-- 语句后，i 的值就变为 9 了。

在使用变量前必须先指定其数据类型，这相当于向计算机内存申请"房子"，变量只有住进"房子"里才可以在程序中使用，如图 4.2 所示。

◎ 图 4.2

循环开始时，循环变量 i 的值为 1，每次执行循环体内语句（即第 8 行代码）的前提条件是 i ≤ 100。又因为每次循环结束后循环变量 i 的值会自动加 1，所以该程序共循环了 100 次，即 i 从 1 到 100，共 100 次，最后 i 的值为 101，就会停止循环。

动手实践

有了循环语句，绘制一些规律性的图形就更方便了。例如，绘制图 4.3 所示的图形，思路分析如下。

（1）设定窗口的背景颜色和画笔的颜色、绘制速度等属性。

（2）利用 for 语句设置画笔执行绘制的次数。

（3）画笔每一次执行绘制时，画笔前进的距离增加 1 个单位（利用 for 循环中的循环变量自增运算）后，旋转固定的角度。

◎ 图 4.3

参考程序如下。

```
1    #include "picture.h"    //加入绘图头文件
2
3    int main()
4    {
5      Win.BackColor(15);
6      Pen.Color(0,0,255);
7      Pen.Speed(100);
8      Pen.Show(0);                //隐藏画笔
9      for(int i=0;i<=100;i++)
10     {
11       Pen.Go(i);               //线条长度i的值在循环中不断增加
12       Pen.Angle(40);
13     }
14     Win.Show();
15   }
```

试着将循环次数增多，再将角度改为 40、50、60、70、80、100、110……观察绘制效果。例如，将角度改为 50 的效果如图 4.4 所示。

◎ 图 4.4

我们还可以加上颜色变化，绘制出效果更加炫目的图形，如图4.5所示。

◎ 图 4.5

参考程序如下。

```
1   #include "picture.h" //加入绘图头文件
2
3   int main()
4   {
5     Win.BackColor(255,255,255);
6     Pen.Color(0,0,255);
7     for(int i=0;i<=1000;i++)
8     {
9       Pen.Go(i);
10      Pen.Color(i%16);
11      Pen.Angle(80);
12    }
13    Win.Show();
14  }
```

第 10 行的 i%16 表示取 i 除以 16 的余数，i 在每次循环中都自动加 1，余数范围为 0~15。

使用取余符号时，要保证两个数均为整数。

扩展任务

绘制图 4.6 所示的彩色圆环。

◎ 图 4.6

参考程序如下。

```
1    #include "picture.h"           //加入绘图头文件
2
3    int main()
4    {
5      Pen.Show(0);
6      Pen.LineWidth(5);            //设置线宽为5
7      Win.BackColor(200,200,200);
8      for(int i=15;i>=0;i--)       //循环变量递减
9      {
10         Pen.Color(i%16);
11         Pen.Go(20);
12         Pen.Angle(360/16);
13     }
14     Win.Show();//启动绘图窗口
15   }
```

图 4.6 的圆环是一个正 16 边形, 其转角的度数为 360/ 边数。
事实上, 任意一个正多边形的转角度数均为 360/ 边数, 原因如下。

设正多边形边数为 n, 则可以把正多边形分割成 $n-2$ 个三角形, 故正多边形内角度数之和是 $180 \times (n-2)$, 可知每个内角的度数为 $[180 \times (n-2)]/n = 180-360/n$, 则内角的补角即转角的度数为 $180-(180-360/n) = 360/n$。

青少年编程魔法课堂 C++ 图形化创意编程

课后练习

练习 1 　尝试编程绘制一个图 4.7 所示的近似圆的图形。

◎ 图 4.7

练习 2 　尝试编程绘制一个图 4.8 所示的五角星。

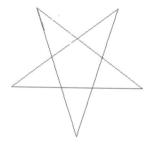

◎ 图 4.8

第五课　if 语句来判断——颜色线条自己选

学习目标

本课我们将学习使用 if 语句绘制类似图 5.1 所示的图形。

◎ 图 5.1

我们将学到的主要知识点如下。

（1）关系运算符的使用。

（2）选择结构语句的使用。

准备知识

C++ 的选择结构语句用来判定所给定的条件是否满足，并根据结果来控制程序流程。例如，计算购物费用时，若总数 $sum > 1000$，则购物费用打 9 折；a 和 b 两个数比较时，若 $a < b$，则输出 a 的值。

青少年编程魔法课堂 C++ 图形化创意编程

sum > 1000 和 *a* < *b* 这样的判断条件称为关系表达式，"＞""＜"这样的符号称为关系运算符，因为它们实现的不是算术运算而是关系运算。关系运算实际上是将两个数据进行比较，得到一个逻辑值"真（true）"或"假（false）"，例如 3 > 4 的值为"假"，4 > 0 的值为"真"。C++ 以数字 0 代表"假"，以数字 1 或其他非 0 的数字代表"真"。

C++ 提供 6 种关系运算符，其含义及优先级如表 5.1 所示，关系运算符优先级的值越小，优先级越高，即运算顺序越靠前。

表 5.1　关系运算符的含义及优先级

符号	含义	优先级	符号	含义	优先级
<	小于	6	>=	大于或等于	6
<=	小于或等于	6	==	等于	7
>	大于	6	!=	不等于	7

在 C++ 程序里，一个等号"="表示赋值，两个等号"=="表示判断等号左右两端是否相等。

C++ 提供了 3 种形式的 if 语句来实现选择结构。

（1）if (条件表达式) 　　// 单分支语句

　　　语句;

其流程图如图 5.2 所示。

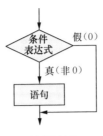

◎ 图 5.2

类似的生活中的例子用伪代码描述如下。

if(天气好)

　　我就去图书馆；

（2）if (条件表达式)　　// 双分支语句

　　　语句 1;

　　else

　　　语句 2;

其流程图如图 5.3 所示。

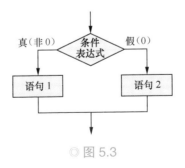

◎ 图 5.3

类似的生活中的例子用伪代码描述如下。

```
if( 天气好 )
    我就去图书馆;
else
    我就待在家看书;
```

（3）if (条件表达式 1)   // 多分支语句

   语句 1;

   else if (条件表达式 2)

   语句 2;

   else if (条件表达式 3)

   语句 3;

   ……

   else if (条件表达式 m)

   语句 m;

   else

   语句 n;

其流程图如图 5.4 所示。

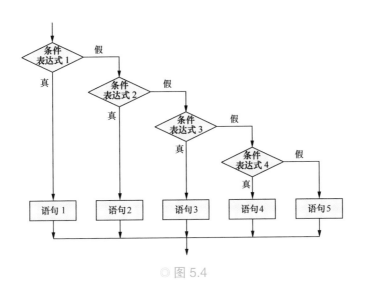

◎ 图 5.4

类似的生活中的例子用伪代码描述如下。

if(我考了 600 分以上)

　　我可以获得特等奖学金；

else if(我考了 580 分以上)

　　我可以获得一等奖学金；

else if(我考了 550 分以上)

　　我可以获得二等奖学金；

else if(我考了 500 分以上)

　　我可以获得三等奖学金；

else if(我考了 450 分以上)

　　我可以获得进步奖学金；

else

　　人生豪迈，不过是从头再来，要不再试一年吧；

if 的后面只能包含一个内嵌的操作语句，如果有多个操作语句，就必须要用花括号 "{ }" 将几个语句括起来成为一个复合语句。一般形式如下所示。

if（条件表达式）

{

    语句 1;

    语句 2;

    ……

}

动手实践

绘制图 5.5 所示的图形。

思路分析如下。

（1）设置好画笔速度和绘图窗口的背景色。

（2）设置线段的初始长度和宽度。

（3）利用 for 循环语句，使得画笔每次绘制的线段长度递增，颜色规律变化，并设置画笔旋转角度为 91 度。

（4）利用 if 判断语句，设置画笔每循环绘制 40 次，线段的宽度加 1。

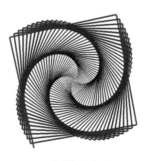

◎ 图 5.5

参考程序如下。

```
1    #include "picture.h"              //加入绘图头文件
2
3    int main()
4    {
5      Pen.Speed(50);                  //设置画笔的绘图时间为50毫秒
6      Win.BackColor(255,255,255);//设置绘图窗口背景色
7      int Step=1,Width=1;             //Step为初始线段长度，Width为初始线段宽度
8      for(int i=0; i<=255; i++)
9      {
10       if(i%40==0)                    //每循环40次，线段宽度加1
11         Pen.LineWidth(Width++);
12       Pen.Color(i/3%256,i/5%256,i%256);
13       Pen.Go(Step++);                //每次循环线段长度加1
14       Pen.Angle(91);
15     }
16     Win.Show();                      //启动绘图窗口
17   }
```

第 10 行代码使用了选择结构的单分支语句，每循环 40 次，
设置绘制线段的宽度 +1。

第 12 行代码设置颜色的值，读者可以自行设置变化规律。

绘制图 5.6 所示的图形。

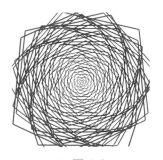

◎ 图 5.6

参考程序如下。

```
1    #include "picture.h"                    //加入绘图头文件
2
3    int main()
4    {
5      Pen.Speed(50);                        //设置画笔绘图时间为50毫秒
6      Win.BackColor(255,255,255);           //设置绘图窗口背景色
7      int Step=1,Width=1;
8      for(int i=0; i<=255; i++)
9      {
10       if(i%40==0)
11         Pen.LineWidth(Width++);
12       Pen.Color(i/3%256,i/5%256,i);
13       Pen.Go(Step++);
14       if(i%2==0)
15         Pen.Angle(71);
16       else
17         Pen.Angle(61);
18     }
19     Win.Show();                           //启动绘图窗口
20   }
```

第14~17行代码使用了选择结构的双分支语句，通过循环变量i对2取余的方法，让画笔在旋转71度和61度之间转换。读者可自行调整其角度变化规律，观察绘制效果。

绘制图 5.7 所示的图形。

◎ 图 5.7

参考程序如下。

```
1    #include "picture.h" //加入绘图头文件
2
3    int main()
4    {
5      int Step=1;
6      for(int i=0; i<=50; i++)
7      {
8        if(i%3==0)
9          Pen.Color(255,0,0);
10       else if(i%3==1)
11         Pen.Color(0,255,0);
12       else
13         Pen.Color(0,0,255);
14       Step=Step+5;
15       Pen.Go(Step);
16       Pen.Angle(120);
17     }
18     Win.Show();//启动绘图窗口
19   }
```

第8~13行代码使用了选择结构的多分支语句，通过循环变量i对3取余的方法，使画笔的颜色在红色、绿色、蓝色之间轮换。读者可自行调整其颜色变化规律，观察绘制效果。

 扩展任务

编写如下代码，并观察程序运行效果。

```
1    #include "picture.h"              //加入绘图头文件
2
3    int main()
4    {
5
6      Pen.LineWidth(3);
7      Pen.Show(0);
8      for(int i=0;i<30;i++)
```

青少年编程魔法课堂 C++ 图形化创意编程

```
9        {
10         if(i%3==0)
11           Pen.Color(255,0,0);
12         else if(i%3==1)
13           Pen.Color(0,255,0);
14         else
15           Pen.Color(0,0,255);
16         Pen.Go(100);
17         Pen.Back(100);          //画笔顺原路返回100个单位
18         Pen.Angle(360/30);
19        }
20        Win.Show();              //启动绘图窗口
21     }
```

课后练习

练习 尝试使用选择结构的 3 种分支语句，自行设计并绘制图形。图 5.8 是画笔旋转角度为 91、150 和 179 度时绘制出来的图形。

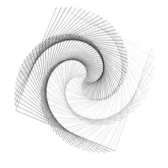  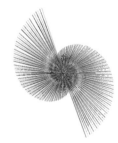

◎ 图 5.8

第六课 二重 for 循环——创建 美丽"星世界"

学习目标

本课我们将学习使用二重 for 循环语句绘制类似图 6.1 所示的图形。

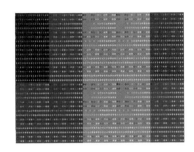

◎ 图 6.1

我们将学到的主要知识点如下。

（1）输入语句 cin 的使用。

（2）if 语句的嵌套。

（3）for 循环语句的嵌套。

准备知识

C++ 语言的输入通过 cin 语句和流提取运算符">>"，以"流"
（stream）的方式实现。图 6.2 演示了通过流进行输入的过程。

青少年编程魔法课堂 C++ 图形化创意编程

◎ 图 6.2

例如 cin>>n 表示从键盘输入一个值，这个从键盘输入的值将赋值给变量 n，cin>>x>>y 表示从键盘输入两个以空格分隔的值，分别赋值给变量 x 和 y。

在 if 语句中又包含一个或多个 if 语句，称为 if 语句的嵌套，一般形式如下。

```
if( )
  if( )
      语句 1;
  else
      语句 2;
else
    if( )
      语句 3;
    else
      语句 4;
```

类似生活中的例子用伪代码描述如下。

if(天气好)

```
        if(是周末)
          我就逛街;
        else
          我就看电影;
      else
        if (是周末)
          我就看电视;
        else
          我就学习;
```

　　在一个循环体语句中又包含另一个循环体语句，称为循环嵌套，其运行顺序是从外层循环执行到内层循环时，先把内层循环的所有循环执行完后再跳回外层循环。一般形式如下。

for( )

{

 for( )

 {

  执行语句块;

 }

}

流程图如图 6.3 所示。

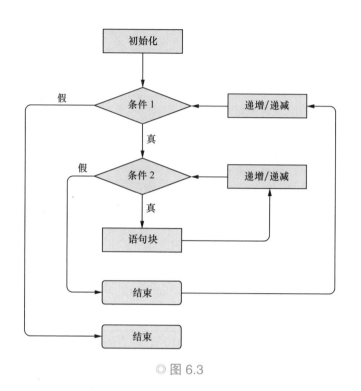

◎ 图 6.3

 动手实践

试用 if 嵌套语句编写一个请朋友吃饭的程序，参考程序如下。

```
1    #include "picture.h" //加入绘图头文件
2
3    int main()
4    {
5      int ans;
6      cout<<"今天你有空吗？1为有空，0为没空。";
7      cin>>ans;
8      if(ans==1)              //如果输入的值为1
9      {
10       cout<<"我请你吃个饭，你喜欢吃中餐还是西餐？1为中餐，0为西餐。";
11       cin>>ans;
12       if(ans==1)
13         cout<<"那就去中餐厅吧。\n";
```

```
14          else
15            cout<<"那就去西餐厅吧。\n";
16        }
17      else
18        cout<<"那就下一次吧。\n";
19      Win.Show();//启动绘图窗口
20    }
```

使用循环嵌套语句，绘制图 6.4 所示的九九乘法表。

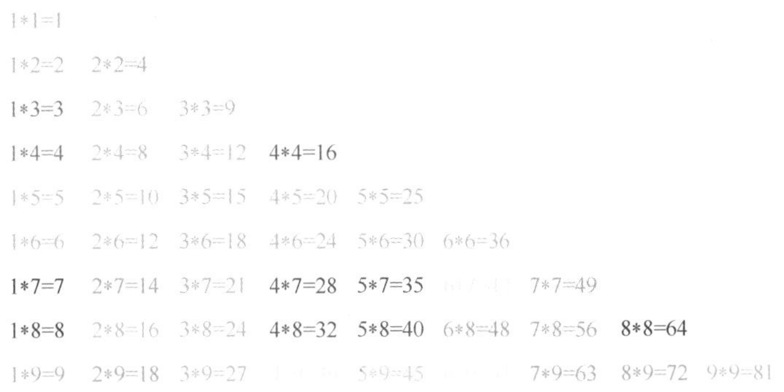

1*1=1

1*2=2   2*2=4

1*3=3   2*3=6   3*3=9

1*4=4   2*4=8   3*4=12 4*4=16

1*5=5   2*5=10 3*5=15 4*5=20 5*5=25

1*6=6   2*6=12 3*6=18 4*6=24 5*6=30 6*6=36

1*7=7   2*7=14 3*7=21 4*7=28 5*7=35   7*7=49

1*8=8   2*8=16 3*8=24 4*8=32 5*8=40 6*8=48 7*8=56 8*8=64

1*9=9   2*9=18 3*9=27   5*9=45   7*9=63 8*9=72 9*9=81

◎ 图 6.4

参考程序如下。

```
1     #include "picture.h" //加入绘图头文件
2
3     int main()
4     {
5       Cmd.Size(120,40);              //设置控制台窗口的宽度和高度
6       for(int i=1; i<=9; i++)        //外层循环1~9
7       {
8         for(int j=1; j<=i; j++)   //内层循环1~i
9         {
10          Cmd.TextColor(i+1,j);    //设置字体颜色
11          cout<<setw(1)<<j<<"*"<<i<<"="<<setw(4)<<left<<i*j;
12        }
13        cout<<"\n";
14        Sleep(1000); //延迟1000毫秒
15      }
16      Win.Show();
17    }
```

Cmd.Size(120,40); 设置控制台窗口的宽度为 120，高度为 40。

Cmd.TextColor(i+1,j); 设置控制台窗口显示的文字的前景色和背景色。

C++ 提供的 setw 操作符可以指定每个数值占用的宽度。

left 或 right 可以控制字符串左对齐或是右对齐，使输出效果更美观。

Sleep(1000) 的作用是延迟 1000 毫秒，以便读者看清显示器上的字符输出顺序。

可以看出，外层循环的循环变量 i 从 1 递增到 9，内层循环的循环变量 j 从 1 递增到 i，也就是说内层循环 j 的循环次数受外层循环变量 i 的控制。当 i=1 时，内层循环 1 次，输出 1 个等式后换行；当 i=2 时，内层循环 2 次，输出 2 个等式后换行；……当 i=9 时，内层循环 9 次，输出 9 个等式后换行。

编程绘制图 6.5 所示的美丽"星世界"。

思路分析如下。

运用二重循环语句，外层循环的循环变量 x 从 0 递增到 79，内层循环的循环变量 y 从 0 递增到 59。

运用这两个变量并结合函数设置文本前景色和背景色，并在坐标（x, y）的位置显示文本。

运用 Sleep() 函数演示画笔绘制过程。

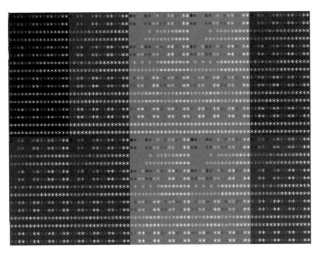

◎ 图 6.5

参考程序如下。

```
1    #include "picture.h" //加入绘图头文件
2
3    int main()
4    {
5      Cmd.Size(80,60);//设置控制台窗口宽为80，高为60
6      for(int x=0; x<80; x++)
7        for(int y=0; y<60; y++)
8        {
9            Cmd.TextColor(x,y);//设置文本前景色和背景色
10           Cmd.Cout(x,y,"*");//在坐标(x,y)的位置显示文本
11           Sleep(100);
12       }
13     Win.Show();//启动绘图窗口
14   }
```

Cmd.Cout(x,y,s) 命令表示在控制台窗口坐标为 (x,y) 的位置显示字符串 s。例如在控制台窗口坐标 (10,20) 的位置显示字符串"这是示例"的语句为：Cmd.Cout(10,20,"这是示例");。

青少年编程魔法课堂 C++ 图形化创意编程

扩展任务

绘制图 6.6 所示的图形。

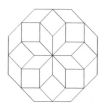

◎ 图 6.6

参考程序如下。

```
1   #include "picture.h" //加入绘图头文件
2
3   int main()
4   {
5     Pen.Show(0);
6     int n=8;
7     for(int i=0;i<n;i++)
8     {
9       for(int j=0;j<n;j++)
10      {
11        Pen.Go(50);
12        Pen.Angle(360/n);
13      }
14      Pen.Angle(360/n);
15    }
16    Win.Show();//启动绘图窗口
17  }
```

将变量 n 改为 12，试绘制图 6.7 所示的图形。

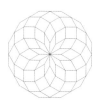

◎ 图 6.7

练习 用键盘输入整数 *n*，使用 for 循环嵌套语句绘制由 *n* 个

等边三角形围成的图案，例如图 6.8 的 *n* 值为 8。

◎ 图 6.8

提示：绘制的图形的前 5 步可以分解为图 6.9 所示的步骤，按此步

骤即可绘制出完整的图形。

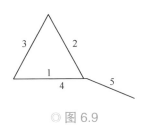

◎ 图 6.9

青少年编程魔法课堂 C++ 图形化创意编程

第七课　**巧用逻辑运算符**
　　　　——玩石头剪刀布

 **学习目标**

本课我们将学习使用逻辑运算符制作一个石头剪刀布的游戏。

我们将学到的主要知识点如下。

（1）随机数的使用。

（2）逻辑运算符的使用。

（3）break 语句和 continue 语句的使用。

 **准备知识**

随机事件是游戏设计中必不可少的。C++ 语言提供的 srand() 和 rand() 函数可以简单模拟现实生活中随机发生的概率事件。

srand() 函数会传递一个种子给随机数产生器。如果不传递这个种子，随机数产生器产生的随机数序列是相同的。通常以当前的时间值作为种子，即 srand(time(0))。

rand() 函数产生一个随机整数，其范围为 0~32767。需要注意的是，rand() 函数产生的并不是真正的随机数，而是在一定范围内可看作随机数的伪随机数（在数学领域中，随机数是完全没有规律的数。但计算机中的随机数是由一个随机因子和一个复杂的随机函数产生的看起来像随机数的数字，并不是真正意义上的随机数）。

C++ 语言提供了 3 种逻辑运算符，如表 7.1 所示。

表 7.1　逻辑运算符及其含义

符号	含义
&&	逻辑与（相当于其他语言中的 and，是"并且"的意思）
||	逻辑或（相当于其他语言中的 or，是"或者"的意思）
!	逻辑非（相当于其他语言中的 not，是"非"的意思）

3 种逻辑运算符对应的电路图如图 7.1 所示。其中 a、b 为开关，设开关闭合为"真"，开关断开为"假"，灯泡亮为"真"，灯泡灭为"假"。

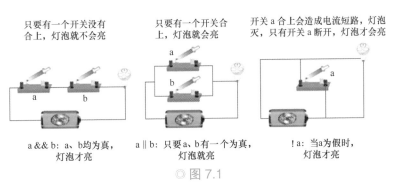

只要有一个开关没有合上，灯泡就不会亮

只要有一个开关合上，灯泡就会亮

开关 a 合上会造成电流短路，灯泡灭，只有开关 a 断开，灯泡才会亮

a && b：a、b 均为真，灯泡才亮　　　a || b：只要 a、b 有一个为真，灯泡就亮　　　!a：当 a 为假时，灯泡才亮

◎ 图 7.1

逻辑运算举例如下。

a && b：若 a、b 为真，则 a && b 为真。

a‖b：若 a、b 之一为真，则 a‖b 为真。

!a：若 a 为真，则 !a 为假。

一个逻辑表达式中如果包含多个逻辑运算符，例如 !a&&b||x>y&&c，运算优先顺序如下。

（1）! > && > ‖ 。

（2）&& 和 ‖ 的运算优先顺序低于关系运算符，! 的运算优先顺序高于关系运算符。

例如：

(a>b)&&(x>y) 可写成 a>b && x>y；

(a==b)||(x==y) 可写成 a==b||x==y；

(!a)||(a>b) 可写成 !a||a>b。

输入一个数，判断该数是否为 2 和 3 的倍数，是则输出"YES"，否则输出"NO"。

参考程序如下。

```
1   #include "picture.h" //加入绘图头文件
2
3   int main()
4   {
5     int x;
6     cin>>x;
7     if(x%2==0 && x%3==0)
8       cout<<"YES";
9     else
10      cout<<"NO";
11    Win.Show();//启动绘图窗口
12  }
```

输入一个数,判断该数是否为3或者5的倍数,如果是,输出"YES",否则输出"NO"。

参考程序如下。

```
1    #include "picture.h" //加入绘图头文件
2
3    int main()
4    {
5      int x;
6      cin>>x;
7      if(x%3==0 || x%5==0)
8        cout<<"YES";
9      else
10       cout<<"NO";
11     Win.Show();//启动绘图窗口
12   }
```

动手实践

计算机和玩家玩"石头剪刀布"这一游戏。计算机随机出石头、剪刀、布,共玩5局。为了方便起见,我们以0代表石头,1代表剪刀,2代表布。如果计算机和玩家出的数字是一样的,则为平局。如果计算机出的数字为0,玩家出的数字为1;或者计算机出的数字为1,玩家出的数字为2;或者计算机出的数字为2,玩家出的数字为0,则这一局计算机赢。反之玩家赢。

参考程序如下。

```
1    #include "picture.h" //加入绘图头文件
2
3    int main()
4    {
5      int pc,man,n1=0,n2=0; //n1表示计算机赢的次数,n2表示玩家赢的次数
6      srand(time(0));
```

深入探究:掌握 C++ 的基本结构

青少年编程魔法课堂 C++ 图形化创意编程

```
7      for(int i=1;i<=5;i++)
8      {
9        pc=rand()%3;
10       cout<<"轮到你出了(0代表石头，1代表剪刀，2代表布)";
11       cin>>man;
12       if(pc==man)
13          cout<<"第"<<i<<"局是平局，计算机出的是"<<pc<<"\n";
14       else if(pc==0 && man==1 || pc==1 && man==2 || pc==2 && man==0)
15       {
16          cout<<"第"<<i<<"局计算机赢了，计算机出的是"<<pc<<"\n";
17          n1++;//统计计算机赢的次数
18       }
19       else if(pc==0 && man==2 || pc==1 && man==0 || pc==2 && man==1)
20       {
21          cout<<"第"<<i<<"局玩家赢了，计算机出的是"<<pc<<"\n";
22          n2++; //统计玩家赢的次数
23       }
24     }
25     if(n1==n2)
26        cout<<"\n\n最终结果：平局"<<"\n";
27     else if(n1>n2)
28        cout<<"\n\n最终结果：计算机赢了！"<<"\n";
29     else
30        cout<<"\n\n最终结果：玩家赢了"<<"\n";
31     Win.Show();//启动绘图窗口
32  }
```

扩展任务

　　键盘输入两个整数 a 和 b，试求最大公约数。最大公约数是指两个或多个整数共有约数中最大的一个。例如 12、16 的公约数有 1、2、4，其中最大的是 4，所以 4 是 12 与 16 的最大公约数，一般记为 (12, 16)=4。

参考程序如下。

```
1    #include "picture.h"        //加入绘图头文件
2
3    int main()
4    {
5      int a,b,m,i;
6      cin>>a>>b;
7      m=min(a,b);               //m取a和b的最小值
8      for(i=m;i>=1;i--)         //循环变量i从m开始逐渐变小到1
9      {
10       if(a%i==0 && b%i==0)
11         break;               //跳出当前循环
12     }
13     cout<<i;
14     Win.Show();              //启动绘图窗口
15   }
```

min(a,b) 表示返回 a 和 b 的最小值，相对地，max(a,b) 表示返回 a 和 b 的最大值。

break 表示跳出当前循环，注意 break 应该在循环体中使用。

有一个游戏叫"过7"，即从1开始数，跳过包含7或者7的倍数的数字，试输出99以内没有跳过的数。

参考程序如下。

```
1    #include "picture.h" //加入绘图头文件
2
3    int main()
4    {
5      for(int i=1;i<=99;i++)
6      {
7        if(i%7==0)
8          continue;//跳出本次循环，继续下次循环
9        if(i>10 && (i/10==7 || i%10==7))
10         continue;
11       cout<<i<<" ";
12     }
13     Win.Show();//启动绘图窗口
14   }
```

continue 表示跳出本次循环，但仍继续下次的循环。注意它和 break 的区别，break 是彻底跳出循环，执行循环体下面的语句。

课后练习

练习　这是一道非常难的幼儿园大班智力题，虽然看上去很简单。

7111 = 0；8809 = 6；2172 = 0；6666 = 4；

1111 = 0；2222 = 0；7662 = 2；9313 = 1；

0000 = 4；5555 = 0；8193 = 3；8096 = 5；

4398 = 3；9475 = 1；9038 = 4；3148 = 2。

试找出规律，并编程实现从键盘输入 4 个一位数（以空格间隔），输出相应答案。

学以致用，
趣味游戏
我能做

第八课　妙用随机数——计算机也是艺术家

学习目标

本课我们将学习使用随机数在三维空间绘制图形。例如基于随机数绘制图 8.1 所示的"星空"。

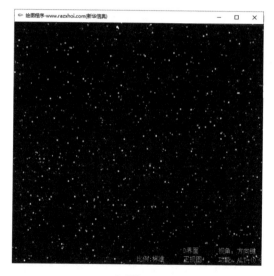

◎ 图 8.1

我们将学到的主要知识点如下。

（1）三维空间的图形绘制。

（2）while 循环语句的使用。

（3）pow() 函数、abs() 函数的使用。

Dev-C++ 智能开发平台的绘图窗口的三维空间是一个 400×400×400 单位的空间，其中原点的坐标为 (0,0,0)。三维视图如图 8.2 所示。

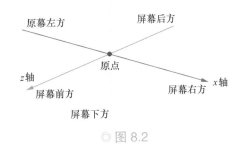

◎ 图 8.2

在绘图窗口中打开三维视图的语句为 Win.Set3D(1);，或者在绘图窗口运行时按 Alt+3 键打开三维视图，此时就可以通过按"上""下""左""右"方向键来转换视角了。

显示默认的三维坐标系的语句为 Win.ShowXYZ();。

while 循环语句是用来实现"当型"循环结构的，表示当表达式的值为真时，执行 while 循环语句中的内嵌语句。

while 循环语句的一般形式如下。

071

学以致用，趣味游戏我能做

```
while( 表达式成立 )
    执行一条语句;
```

如果执行语句有多行，则如下。

```
while( 表达式成立 )
{
  语句 1;
  语句 2;
  …
}
```

例如求 1 + 2 + 3 + … + 100 的值的程序可以像下面这样写。

```
1    #include "picture.h"  //加入绘图头文件
2
3    int main()
4    {
5      int i=1,sum=0;
6      while(i<=100)        //当i≤100时，执行循环体内的语句
7      {
8        sum=sum+i;
9        i++;               //i实际上起到了计数器的作用，用于统计循环次数
10     }
11     cout<<sum;
12     Win.Show();          //启动绘图窗口
13   }
```

试使用随机数的方式编程，实现在屏幕上绘制 4000 个颜色和大小

随机的"星星"。

思路分析如下。

（1）设置窗口为三维视图，隐藏画笔。

（2）利用当前时间作为随机数种子。

（3）利用 while 循环语句绘制 4000 个颜色、大小（不超过 4 个单位）、坐标均随机的点。

（4）因为三原色 RGB 的取值范围为 0~255，所以随机数取值为 rand()%256。

（5）坐标值既可能为正数也可能为负数，所以使用 pow(-1, rand()%2) 命令来控制坐标值的正负，因为计算结果为 1 或 -1。

（6）使窗口中的图像旋转，增强显示效果。

参考程序如下。

```
1    #include "picture.h" //加入绘图头文件
2
3    int main()
4    {
5      Pen.Show(0);                              //隐藏画笔
6      Win.Set3D(1);                             //设置为三维视图
7      srand(time(0));
8      int t=4000;
9      while(t--)                               //每循环一次，t的值减1
10     {
11       Pen.DotWidth(rand()%5);                 //随机设置点的大小
12       Pen.Color(rand()%256,rand()%256,rand()%256);//颜色随机
13       int x=pow(-1,rand()%2)*(rand()%300);    //随机设置坐标
14       int y=pow(-1,rand()%2)*(rand()%300);
15       int z=pow(-1,rand()%2)*(rand()%300);
16       Pen.Point(x,y,z);                       //在三维空间中绘制点
17     }
18     Win.Run(2,0);                            //旋转
19     Win.Show();                             //启动绘图窗口
20   }
```

学以致用，趣味游戏我能做

青少年编程魔法课堂 C++ 图形化创意编程

Pen.DotWidth(x); 表示设置点的宽度为 x。

pow(x,y) 返回 x^y 的值，因为三维空间的坐标值范围在 −200~200，而 pow(−1,rand()%2) 的值在 −1 和 1 两数之间产生，所以用这个在 −1 和 1 两数之间产生的值乘以 rand()%300 产生的值即可产生均匀散布在整个三维空间的坐标值。

Pen.Point(x,y,z); 表示在三维空间坐标为（x,y,z）的位置绘制一个点。

扩展任务

通过随机数的帮忙，计算机也变成了一位小小"艺术家"。试使用随机数在三维平面上绘制图 8.3 所示的"艺术画"。

◎ 图 8.3

参考程序如下。

```
1    #include "picture.h" //加入绘图头文件
2
3    int main()
4    {
5      Pen.Show(0);
6      srand(time(0)); //以时间作为随机数种子
7      Pen.Speed(50);//绘制时间为50毫秒
```

```
8        int t=5000;
9        while(t--)
10       {
11         Pen.Go(rand()%10);  //以随机长度画线
12         Pen.Color(rand()%16);  //随机产生一种颜色
13         Pen.Angle(rand()%360,rand()%360);//随机改变绘图角度
14         int x=Pen.GetX();//获取画笔位置的x坐标
15         int y=Pen.GetY();//获取画笔位置的y坐标
16         if(abs(x)>200 || abs(y)>200)//如果超出绘图范围
17           Pen.Home();//画笔回到原点
18       }
19       Win.Show();//启动绘图窗口
20     }
```

Pen.Angle(angle1,angle2);命令用于设置三维空间中画笔的角度，其中 angle1 表示 x 轴和 y 轴组成的平面的角度值，angle2 表示 x 轴和 z 轴组成的平面的角度值。

abs(x) 函数表示取 x 的绝对值。

课后练习

练习   Pen.LineWidth(n); 表示设置线条宽度为 n。

Pen.Line(x1,y1,z1,x2,y2,z2) 表示在三维空间中从点 (x1, y1, z1) 到点 (x2, y2, z2) 画一条线段，试用随机数的方式绘制图 8.4 所示的随机图形。

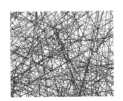

◎ 图 8.4

第九课 使用二维数组——制作
黑客帝国屏保

学习目标

本课我们将学习制作科幻片《黑客帝国》里出现过的不断下落的字符效果，如图 9.1 所示。

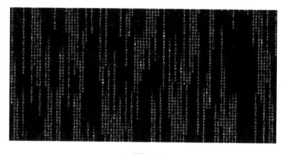

◎ 图 9.1

我们将学到的主要知识点如下。

（1）一维数组的概念。

（2）二维数组的概念。

准备知识

数组是一组数据的集合，用一个统一的数组名和下标来唯一确定数组中的各数据元素。一个数组中的每一个数据元素都属于同一个数据类型。

例如定义了一个一维数组：int a[10];。

它表示数组名为 a 的数组包含 10 个 int 类型的整数（数组元素），分别为 a[0],a[1],a[2],…,a[9]。由此可以看出，数组元素的标识方法为数组名 [下标]，且下标从 0 开始，如图 9.2 所示。

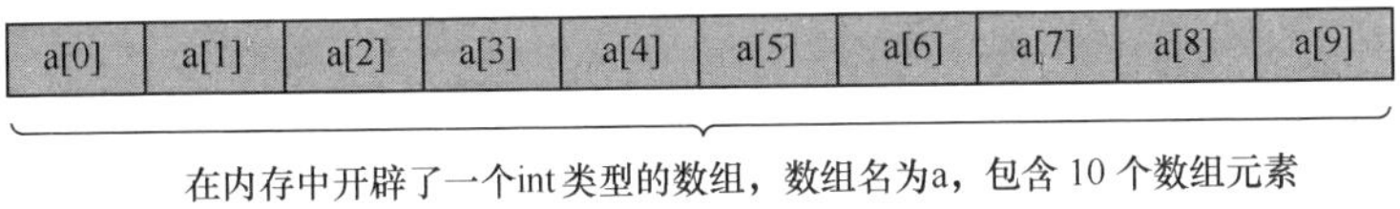

a[0]	a[1]	a[2]	a[3]	a[4]	a[5]	a[6]	a[7]	a[8]	a[9]

在内存中开辟了一个int类型的数组，数组名为a，包含 10 个数组元素

◎ 图 9.2

例如，再定义一个一维数组：double b[5];。b 数组包含 5 个 double 类型的数组元素，分别为 b[0],b[1],b[2],b[3],b[4]。

例如有一个 10 个元素的数组，数组元素的值依次为 0,1,2,…,9，试编程实现逆序输出数组元素值，参考程序如下。

```
1    #include "picture.h" //加入绘图头文件
2
3    int main()
4    {
5      int i,a[10];
6      for(i=0;i<=9;i++)
7        a[i]=i;    //为数组元素赋值，即a[0]=0,a[1]=1,…,a[9]=9
8      for(i=9;i>=0;i--)
9        cout<<a[i]<<' ';
10     Win.Show();
11   }
```

对数组元素的初始化可以用以下方法实现。

（1）在定义数组时对数组元素赋初值。举例如下。

学以致用，趣味游戏我能做

077

青少年编程魔法课堂 C++ 图形化创意编程

int a[10]={0,1,2,3,4,5,6,7,8,9};

（2）可以只对一部分元素赋值。如下例中的数组只给前 5 个元素赋了初值，后 5 个元素自动初始化为 0。

int a[10]={0,1,2,3,4};

（3）在对全部数组元素赋初值时，可以不指定数组长度，系统会根据赋值的元素个数自动定义数组的长度。如下例中的写法将自动定义数组长度为 5。

int a[]={1,2,3,4,5};

字符数组是用来存放字符数据的数组，字符数组中的一个元素存放一个字符。如：

char c[5];

c[0]='H'; c[1]='E'; c[2]='L'; c[3]='L'; c[4]='O';

其保存形式如图 9.3 所示。

该字符数组包含5个元素

◎ 图 9.3

二维数组可以看作由许多行组成的，每一行都是一个一维数组的结构。

例如，此处定义一个二维数组 int a[3][4]，该数组名为 a，是一个 3 行 4 列的数组，我们可以将它看作 3 个一维数组作为数组元素组成的数组：a[0],a[1],a[2]。每个一维数组又是一个包含 4 个数据的一维数组，如图 9.4 所示。

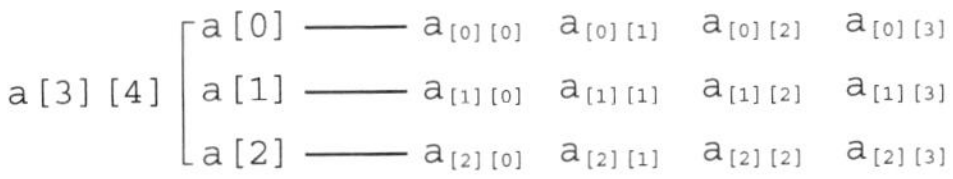

$$a[3][4] \begin{cases} a[0] & \longrightarrow a_{[0][0]} \quad a_{[0][1]} \quad a_{[0][2]} \quad a_{[0][3]} \\ a[1] & \longrightarrow a_{[1][0]} \quad a_{[1][1]} \quad a_{[1][2]} \quad a_{[1][3]} \\ a[2] & \longrightarrow a_{[2][0]} \quad a_{[2][1]} \quad a_{[2][2]} \quad a_{[2][3]} \end{cases}$$

◎ 图 9.4

可以将 a[0],a[1],a[2] 分别看作一维数组名（在二维数组 a[3][4] 里，a[0],a[1],a[2] 是数组元素）。a[0] 包含的元素有 a[0][0],a[0][1],a[0][2], a[0][3]；a[1] 包含的元素有 a[1][0],a[1][1],a[1][2],a[1][3]；a[2] 包含的元素有 a[2][0],a[2][1],a[2][2],a[2][3]。

C ++ 语言中，二维数组中元素排列的顺序是按行存储的，即在内存中先顺序存储第一行的数组元素，再存储第二行的数组元素……如图 9.5 所示。

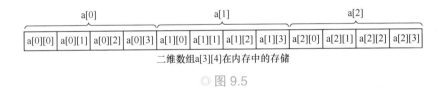

二维数组a[3][4]在内存中的存储

◎ 图 9.5

二维数组的赋值可以采用如下方式。

（1）int a[3][4]={1,2,3,4,5,6,7,8,9,10,11,12};

（2）int b[ ][4]={1,2,3,4,5,6,7,8,9,10,11,12}; 第一维的下标可省略，编译时程序会自动补为 3。

（3）int c[ ][4]={{0,0,3},{ },{0,10}}; 定义了一个 3 行 4 列的二维数组，未赋值的元素自动初始化为 0。

例如有一个 3 行 4 列的二维数组，通过编程输出其中最大的数和该数所在的行号和列号，参考代码如下。

学以致用，趣味游戏我能做

```
1    #include "picture.h" //加入绘图头文件
2
3    int main()
4    {
5      int a[3][4]= {{1,2,3,4},{5,6,7,8},{-10,-3,-4,4}};
6      int Row=0,Colum=0,MAX=a[0][0];    //假设a[0][0]为最大值
7      for (int i=0; i<=2; i++)          //用二重循环，一重循环枚举行
8      {
9        for (int j=0; j<=3; j++)        //一重循环枚举列
10         if (a[i][j]>MAX)
11         {
12           MAX=a[i][j];                //更新为更大值
13           Row=i;                      //更新为最大值所在的行
14           Colum=j;                    //更新为最大值所在的列
15         }
16      }
17      cout<<"最大值为"<<MAX<<"\n";
18      cout<<"行数为"<<Row+1<<"\n";
19      cout<<"列数为"<<Colum+1<<"\n";
20      Win.Show();
     }
```

动手实践

模仿科幻片《黑客帝国》中不断下落的字符效果，思路分析如下。

（1）设置窗口为黑色，字体颜色为绿色，隐藏光标等。

（2）定义一个二维数组保存所有字符的坐标。

（3）因为字符是不断下落的，所以使用 while(1) 语句使程序永远循环。

（4）每完成一次循环，当前字符的纵坐标值加一，并显示在对应的绘图窗口上，若当前字符的纵坐标值已落到窗口的最底部，则在窗口的显示内容中清除这一列字符，并随机产生一个新的字符坐标。

参考程序如下。

```
1    #include "picture.h" //加入绘图头文件
2    int b[60][2];//定义一个整数数组用于保存坐标值
3
4    int main()
5    {
6      srand(time(0));
7      Cmd.BackColor("02");//设置黑底绿字
8      Cmd.Size(122,42);//设置窗口大小
9      Cmd.HideCursor();//隐藏光标
10     while(1)  //永远循环
11     {
12       for(int i=0; i<60; i++)
13       {
14         if(++b[i][1]>40)//先下落，再判断该字符是否落到窗口底部
15         {
16           for(int j=0;j<=40;j++)      //清除这一列
17             Cmd.Cout(b[i][0],j," ");
18           b[i][0]=rand() % 120 + 1; //随机产生新的坐标
19           b[i][1]=-rand() % 40;   //y坐标值为负值，初始位置在窗口之上
20         }
21         if(b[i][1]>=0)//如果没有落到窗口底部
22         {
23           char c=rand()%94+33;//随机产生可见的ASCII码
24           Cmd.Cout(b[i][0],b[i][1],CharToString(c));//显示字符
25         }
26       }
27       Sleep(100); //延时100毫秒
28     }
29     Win.Show();//启动绘图窗口
30   }
```

　　int b[60][2]定义了一个二维数组，用于保存60个平面坐标的值，即 b[i][0] 和 b[i][1] 分别保存第 i 个数组元素的横坐标值和纵坐标值。

　　Cmd.HideCursor() 命令可以隐藏控制台的光标，常应用于一般的桌面小游戏中。

　　在 while(1) 语句中，因为参数为 1，即 while 语句的表达式结果永远为真，所以该循环体将永远循环，除非使用 break 语句跳出该循环。

　　第 12 行的 for 循环语句用于枚举这 60 个坐标，并每次对这

些坐标的纵坐标值加1，以实现字符下落的效果。字符下落时有以下两个可能。

（1）如果字符落到了窗口底部，消去该列的全部字符，并随机产生新的坐标。

（2）如果字符没有落到窗口底部，则在当前位置，坐标(b[i][0]，b[i][1])处随机显示一个字符。

第 14 行的 ++b[i][1] 类似于 b[i][1]++，都是自身加 1 的操作，但前者表示变量值先加 1 后再使用，后者表示先使用变量值后再加 1。

CharToString(c) 函数将字符 c 转换为字符串的形式，以方便 Cmd.Cout() 函数输出。

图 9.6 所示是杨辉三角中的一组数字，试找出其排列规律并通过编程输出杨辉三角的前 10 行。

```
                        1
                      1   1
                    1   2   1
                  1   3   3   1
                1   4   6   4   1
              1   5  10  10   5   1
            1   6  15  20  15   6   1
          1   7  21  35  35  21   7   1
        1   8  28  56  70  56  28   8   1
      1   9  36  84 126 126  84  36   9   1
    1  10  45 120 210 252 210 120  45  10   1
  1  11  55 165 330 462 462 330 165  55  11   1
1  12  66 220 495 792 924 792 495 220  66  12   1
```

◎ 图 9.6

参考程序如下。

1	`#include "picture.h" //加入绘图头文件`
2	
3	`int main()`
4	`{`
5	`  int i,j,a[11][11]= {0};`
6	`  for(i=1; i<11; i++)`
7	`    a[i][i]=1,a[i][1]=1;//注意此处由于用了逗号，所以整行算一条语句`

```
8         for(i=3; i<11; i++) //循环赋值
9           for(j=2; j<=i-1; j++)
10            a[i][j]=a[i-1][j-1]+a[i-1][j];
11
12        for(i=1; i<11; i++) //输出
13        {
14          for(j=1; j<=i; j++)
15            cout<<setw(6)<<left<<a[i][j];
16          cout<<"\n";
17        }
18        Win.Show();//启动绘图窗口
19      }
```

课后练习

练习 试编写一个"走迷宫"的程序，参考程序如下。

```
1    #include "picture.h" //加入绘图头文件
2    char Map[11][11]={"##########", //双引号内的字符串末尾有一个隐含的'\0'
3                      "#o   #### #",    //即字符串结束符,所以实际长度为10+1=11
4                      "#        #",
5                      "#### #  #",
6                      "#      #",
7                      "## #######",
8                      "##   ### #",
9                      "### ######",
10                     "###      #",
11                     "##########"};//迷宫数据
12
13   int main()
14   {
15     int x=1,y=1;//人的初始位置
16     Cmd.HideCursor();//隐藏光标
17     while(1)//永远循环
18     {
19       Cmd.Clear();           //清空屏幕
20       for(int i=0;i<10;i++)//输出迷宫
```

青少年编程魔法课堂 C++ 图形化创意编程

```
21      {
22        for(int j=0;j<10;j++)
23          cout<<Map[i][j];
24        cout<<endl;
25      }
26      int c=Cmd.GetKey();//获得按键值
27      if(c==72 && Map[x-1][y]!='#')//用户按向上键并且当前位置的前方为空
28      {
29        Map[x][y]=' ';   //之前人在的位置为空
30        Map[--x][y]='o';//人的位置移动到新位置，--x表示先对x做自减1操作，再使用自减后的值
31      }
32      else if(c==80 && Map[x+1][y]!='#')//用户按向下键并且当前位置的后方为空
33      {
34        Map[x][y]=' ';
35        Map[++x][y]='o';
36      }
37      else if(c==75 && Map[x][y-1]!='#')//用户按向左键并且当前位置的左侧为空
38      {
39        Map[x][y]=' ';
40        Map[x][--y]='o';
41      }
42      else if(c==77 && Map[x][y+1]!='#')//用户按向右键并且当前位置的右侧为空
43      {
44        Map[x][y]=' ';
45        Map[x][++y]='o';
46      }
47    }
48    Win.Show();//启动绘图窗口
49  }
```

    char Map[11][11] 表示定义了一个 11 行 11 列的字符数组，赋值时为方便起见，采用双引号括起来的字符串形式逐行赋值，但因为双引号内的字符串末尾有一个隐含的 '\0' 用于表示结束符，所以虽然游戏中的迷宫是一个 10×10 的字符数组，但二维数组 Map 却必须多设置 1 列以存放隐含字符 '\0'（多定义的 1 行是习惯性多出 1 行以备用）。

    Cmd.GetKey() 命令表示获得按键值。其值为一个整数。如果不知道按键值对应的键盘字符是哪个，可以通过 cout 语句输出按键值的方式来确认。

    Cmd.Clear() 命令为清除屏幕语句。

控制台窗口坐标系如图 9.7 所示，左上角为原点 (0,0)，坐标点越往右移，x 值越大；越往下移，y 值越大。所以程序运行过程中，按"上"方向键时，y 值减小；按"下"方向键时，y 值增加；按"左"方向键时，x 值减小；按"右"方向键时，x 值增加。

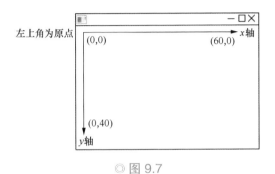

◎ 图 9.7

第十课 分担任务的函数——绘制满天星

学习目标

本课我们将学习使用函数来编写一个用鼠标绘制彩色"星星"的程序，如图 10.1 所示。

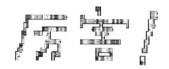

◎ 图 10.1

我们将学到的主要知识点如下。

（1）函数的概念。

（2）Cmd.GetMouse()、Cmd.GetMouseX()、Cmd.GetMouseY() 等函数的使用。

准备知识

到目前为止，我们所有的代码都是在 main() 函数体内实现的，但实际上，一个较大的程序应该分为若干个类似于 main() 函数的程序模块，每一个模块用来实现一个特定的功能，这就是函数（或子函数）的概念。

一个C++程序可以由一个main()函数和若干个子函数构成。main()函数调用其他函数，其他函数也可以互相调用。同一个函数可以被一个或多个函数调用任意多次，但main()函数不可被子函数调用。

例如使用函数获取两数中的较大值的程序如下。

```
1    #include "picture.h" //加入绘图头文件
2
3    int Max(int a,int b) //Max()为一个子函数，放在main()函数之前
4    {
5      if(a>b)
6        return a; //返回值为a
7      else
8        return b; //返回值为b
9    }
10
11   int main()
12   {
13     int x,y;
14     cin>>x>>y;
15     cout<<Max(x,y)<<endl;//调用Max()函数，将x、y值传递过去
16     Win.Show();//启动绘图窗口
17   }
```

在此程序中定义了一个名为Max()的函数，其使用方法如图10.2所示。

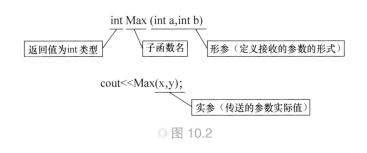

◎ 图 10.2

可以像下面这样理解。作为"领导"的 main() 函数不想亲自比较两个数谁大谁小，于是把任务派给作为"下属"Max() 子函数去完成，显然 main() 函数要先把两个具体的数（实参 x 和 y）告知给"下属"；"下属"使用形参 a 和 b 接收到这两个数后进行比较，再报告给 main() 函数一个结果，这个结果就是返回值。对于 main() 函数来说，"下属"如何完成任务它不必管，它只需要告诉"下属"需要做比较的两个数是什么，就肯定可以得到结果。

"领导"和"下属"这"两人"做事十分严谨，"领导"传送的实参个数及数据类型都必须和"下属"接收时用的形参个数及数据类型一一对应。如果数据类型不匹配或者参数个数不匹配，就可能发生错误或者无法编译。

"下属"的返回结果的数据类型也是事先指定好的，且只能返回一个数值。如上例中 Max() 子函数的返回结果的数据类型是 int 类型，所以返回值的数据类型也应该是 int 类型。如果返回值的数据类型不是指定类型，则系统强制将返回值的数据类型转换为指定类型。

除非事先对该被调用的函数进行声明，否则被调用的函数的函数体一定要写在调用的函数的位置之前，如上例中 Max() 函数的函数体就写在 main() 函数的函数体之前。

下面是判断输入的整数 x 是否为偶数并输出结果的程序。

```
1    #include "picture.h"          //加入绘图头文件
2
3    void Judge(int n);            //对子函数的声明
4
5    int main()
6    {
7      int x;
8      cin>>x;
9      Judge(x);
10     Win.Show();                 //显示绘图窗口
11   }
12
```

```
13    void Judge(int x)                //void表示函数无返回值
14    {
15      if (x%2==0)
16        cout<<x<<"是偶数\n";
17      else
18        cout<<x<<"是奇数\n";          //直接输出结果，所以无返回值
19    }
```

　　由于被调用的函数 Judge() 在调用函数 main() 之后，因此在
第 3 行要事先对 Judge() 函数进行声明才可以使用。

　　由于输出结果是直接在 Judge() 函数中完成的，因此无须使用
return 返回结果值，但在 Judge() 函数名前需加 void，表示无返回值。

动手实践

　　试编程实现在控制台窗口绘制彩色的"星星"，"星星"位置由鼠
标左键单击时指针所在的位置决定。

　　参考程序如下。

```
1     #include "picture.h" //加入绘图头文件
2
3     void DrawStar(int x,int y)//void表示无须返回值
4     {
5       Cmd.TextColor(rand()%256,rand()%256);//随机产生颜色
6       Cmd.Cout(x,y, "*");
7     }
8
9     int main()
10    {
11      Cmd.HideCursor();//隐藏光标
12      srand(time(0));//随机数种子
13      while(1)
```

学以致用：趣味游戏我能做

```
14        {
15            int m=Cmd.GetMouse();//获取鼠标左键单击时的坐标值，并赋值给m
16            int x= Cmd.GetMouseX(m);//获取鼠标指针的x值
17            int y= Cmd.GetMouseY(m);//获取鼠标指针的y值
18            DrawStar(x,y);//调用子函数
19        }
20        Win.Show();//启动绘图窗口
21    }
```

运行程序后，按住鼠标左键在控制台窗口拖动，观察绘制效果。

　　由于输出结果在子函数中完成，无须返回结果值，所以在子函数名前加 void，表示无返回值。

　　如果子函数无返回值，则在该函数体内无须添加 return 字样。

　　m=Cmd.GetMouse() 表示获取鼠标左键单击时的坐标值并赋值给整数变量 m，但 m 值还需要进一步处理，即通过 Cmd.GetMouseX(m) 和 Cmd.GetMouseY(m) 语句将 m 值分解为 x 轴坐标值和 y 轴坐标值。

　　如果无法绘制图形，请关闭"命令提示符"属性里的"快速编辑模式"，操作方法如图 10.3 所示。

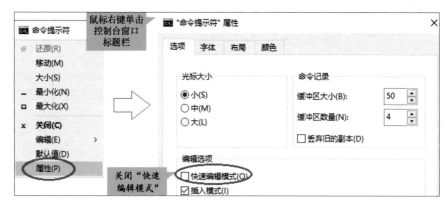

◎ 图 10.3

扩展任务

制作一个击碎陨石的小游戏。游戏界面上会随机出现陨石，玩家可以通过鼠标单击的方式击碎陨石。

参考程序如下。

```
1    #include "picture.h"              //加入绘图头文件
2
3    void Bomb(int x,int y)           //显示爆炸效果的函数
4    {
5      for(int i=1; i<=5; i++)        //以向外扩展的方式绘制"*"
6      {
7        Cmd.Cout(x-i,y,"*");
8        Cmd.Cout(x-i,y-i,"*");
9        Cmd.Cout(x+i,y,"*");
10       Cmd.Cout(x+i,y+i,"*");
11       Cmd.Cout(x,y-i,"*");
12       Cmd.Cout(x+i,y-i,"*");
13       Cmd.Cout(x,y+i,"*");
14       Cmd.Cout(x-i,y+i,"*");
15       Sleep(100);
16       Cmd.Clear();
17     }
18   }
19
20   int main()
21   {
22     Cmd.HideCursor();//隐藏光标
23     srand(time(0));
24     while(1)
25     {
26       int xx=rand()%60;
27       int yy=rand()%40;
28       Cmd.Cout(xx,yy,"*"); //随机显示陨石
29       int m=Cmd.GetMouse();//捕获鼠标单击位置的坐标值，并赋给m
30       int x= Cmd.GetMouseX(m); //获取鼠标单击位置的x坐标
31       int y= Cmd.GetMouseY(m); //获取鼠标单击位置的y坐标
32       Cmd.Clear();//清屏
33       if(x==xx && y==yy) //如果鼠标单击位置和陨石位置重合
34         Bomb(x,y);        //调用爆炸效果
35     }
36     Win.Show();//启动绘图窗口
37   }
```

学以致用：趣味游戏我能做

091

课后练习

练习 考虑在击碎陨石的游戏中添加更多功能使游戏变得更加有趣，例如统计成功击碎的陨石数、限定每局的游戏时间等。

第十一课　探秘对弈游戏——简易五子棋

本课我们将学习制作一个简易的五子棋游戏，如图 11.1 所示。

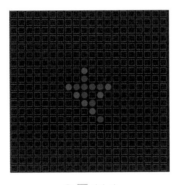

◎ 图 11.1

我们将学到的主要知识点如下。

（1）五子棋游戏设计的基本思路。

（2）判断游戏输赢的简单人工智能。

准备知识

如图 11.2 所示，在控制台窗口中，输出一个字符的高度是宽度的两倍。如果用二维数组 b[20][20] 表示一个 20×20 的棋盘，用字符"口"

学以致用，趣味游戏我能做

093

表示一个棋盘格，用字符"●"表示一个棋子的话，字符"□"或字符"●"需要占用一行两列的空间才可以正确显示。所以数组元素 b[i][j] 对应于控制台窗口的位置坐标应该是 (i*2, j)。

◎ 图 11.2

相对应地，若以二维数组 b[][] 对应控制台坐标，当鼠标单击位置的坐标为 (x,y) 时，对应的数组元素应该为 b[x/2][y]，这个位置的左右上下的数组元素应该分别为 b[x/2−1][y]、b[x/2+1][y]、 b[x/2][y+1] 和 b[x/2][y−1]。

五子棋是一种两人对战的棋类游戏，游戏中双方各自使用一种颜色的棋子,轮流落子,先形成5子连线者获胜。试编程实现一个简单的五子棋游戏。

思路分析如下。

（1）定义一个二维数组，对应棋盘及棋子的位置。

（2）使用 while(1) 循环语句等待鼠标在窗口中单击。

（3）获取鼠标单击的位置，若单击位置在绘制的棋盘内，且对应的数组元素未被赋值，则根据当前步数判断是哪位玩家落子，分别以 1 或 −1 表示并保存到对应的二维数组元素中。

（4）每一次循环执行时，刷新绘制的棋盘和棋子。

参考程序如下。

青少年编程魔法课堂 C++ 图形化创意编程

```
1    #include "picture.h" //加入绘图头文件
2    int b[20][20],step,m,x,y;//b[20][20]表示棋盘，step表示步数
3
4    void DrawChess()//绘制棋盘
5    {
6      for(int i=0; i<20; i++)//横向一个格子占两个字符
7        for(int j=0; j<20; j++)//纵向一个格子占一个字符
8          if(b[i][j]==0)
9          {
10           Cmd.TextColor(0,2);//设置字符颜色
11           Cmd.Cout(i*2,j,"□");//绘制棋盘格，"□"从Word的"插入字符"中取
12         }
13         else if(b[i][j]>0)
14         {
15           Cmd.TextColor(4,1); //设置甲方棋子的颜色
16           Cmd.Cout(i*2,j,"●");//绘制甲方棋子
17         }
18         else
19         {
20           Cmd.TextColor(9,1); //设置乙方棋子的颜色
21           Cmd.Cout(i*2,j,"●");//绘制乙方棋子
22         }
23   }
24
25   int main()
26   {
27     Cmd.HideCursor();//隐藏光标
28     while(1)
29     {
30       DrawChess();//绘制棋盘
31       m=Cmd.GetMouse();
32       x= Cmd.GetMouseX(m);//获取鼠标单击时指针位置的x值
33       y= Cmd.GetMouseY(m);//获取鼠标单击时指针位置的y值
34      if(x<40 && y<20 && b[x/2][y]==0)//鼠标须在棋盘范围内单击且单击位置未出界、无落子
35           if(step++%2==0)//根据step的值确定该哪一方下棋
36             b[x/2][y]=1;
37           else
38             b[x/2][y]=-1;
39     }
40     Win.Show();//启动绘图窗口
41   }
```

学以致用，趣味游戏我能做

b[20][20] 用于表示棋盘中每一格的坐标，若 b[x][y]=0，则绘制棋盘格，若 b[x][y] 的值为 −1 或 1，则分别绘制双方的棋子并以不同颜色标示。

棋子和棋盘格以字符"●"和"□"来表示，这些特殊字符可以在 Word 软件的"符号"菜单中找到。

使用全局变量（在函数外部定义的变量，可以被随后的所有函数调用）step 统计下棋的步数，并且控制落子的颜色。step 的值是偶数时，甲方落子，否则乙方落子。

step++%2 表示表示计算出 step 对 2 取余的值后，step 的值加 1。

完善简易的五子棋游戏程序，增加判断输赢的功能。（提示：赢棋的标准是横向、纵向或对角线上的连续 5 个数组元素的和为 5 或 −5。显然这需要单独写一个函数进行判断，并将判断结果返回给调用者。）

参考代码如下。

```
1   #include "picture.h" //加入绘图头文件
2   int b[20][20],step,m,x,y;//b[20][20]表示棋盘，step表示步数
3
4   int Judge(int n)//判断
5   {
6     for(int x=0; x<=15; x++)//枚举对角线
7       for(int y=0; y<=15; y++)
8       {
9           if(b[y][x]+b[y+1][x+1]+b[y+2][x+2]+b[y+3][x+3]+b[y+4][x+4]==n)
10              return 1;
11          if(b[y+4][x]+b[y+3][x+1]+b[y+2][x+2]+b[y+1][x+3]+b[y][x+4]==n)
12              return 1;
13      }
14    for(int x=0; x<=19; x++)//枚举列
15      for(int y=0; y<=15; y++)
```

```
16        if(b[x][y]+b[x][y+1]+b[x][y+2]+b[x][y+3]+b[x][y+4]==n)
17          return 1;
18    for(int x=0; x<=15; x++)//枚举行
19      for(int y=0; y<=19; y++)
20        if(b[x][y]+b[x+1][y]+b[x+2][y]+b[x+3][y]+b[x+4][y]==n)
21          return 1;
22    return 0;
23  }
24
25  void DrawChess()//绘制棋盘
26  {
27    for(int i=0; i<20; i++)//横向一个格子占两个字符
28      for(int j=0; j<20; j++)//纵向一个格子占一个字符
29        if(b[i][j]==0)
30        {
31          Cmd.TextColor(0,2);//设置字符颜色
32          Cmd.Cout(i*2,j,"□");//绘制棋盘格,字符可从Word软件的"插入字符"中取
33        }
34        else if(b[i][j]>0)
35        {
36          Cmd.TextColor(4,1);
37          Cmd.Cout(i*2,j,"●");//绘制甲方棋子
38        }
39        else
40        {
41          Cmd.TextColor(9,1);
42          Cmd.Cout(i*2,j,"●");//绘制乙方棋子
43        }
44  }
45
46  int main()
47  {
48    Cmd.HideCursor();//隐藏光标
49    while(1)
50    {
51      DrawChess();//绘制棋盘
52      if(Judge(5)==1)
53      {
54        Cmd.Cout(20,20,"红方赢");
55        Sleep(100000);
56      }
57      if(Judge(-5)==1)
58      {
59        Cmd.Cout(20,20,"蓝方赢");
60        Sleep(100000);
61      }
```

学以致用，趣味游戏我能做

097

```
62      m=Cmd.GetMouse();
63      x= Cmd.GetMouseX(m);//获取鼠标单击位置的x值
64      y= Cmd.GetMouseY(m);//获取鼠标单击位置的y值
65      if(x<40 && y<20 && b[x/2][y]==0 )//鼠标须在棋盘内单击且单击位置未落子
66        if(step++%2==0)//根据step的值确定该哪一方下棋
67          b[x/2][y]=1;
68        else
69          b[x/2][y]=-1;
70    }
71    Win.Show();//启动绘图窗口
72  }
```

课后练习

练习 试继续完善简易五子棋游戏程序，为其添加更多的功能，如提示当前下棋方等。

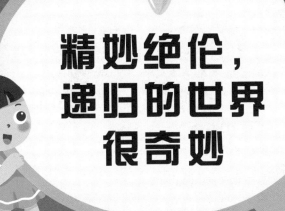

精妙绝伦，
递归的世界
很奇妙

第十二课　递归初体验——绘制
几何变幻图

学习目标

本课我们将学习使用递归绘制一些图形，如图 12.1 所示。

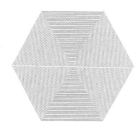

◎ 图 12.1

我们将学到的主要知识点如下。

（1）递归的概念。

（2）使用首递归绘制图形。

（3）使用尾递归绘制图形。

准备知识

递归是指函数直接或间接地调用自身。如在下面的代码中，fun()
函数调用了它自己。

```
int fun(x)
{
    int z=fun(2*x);// 调用自身
}
```

上面的程序将无终止地调用自身。显然，在程序中不应出现这种无终止的递归调用，而只应出现有限次数的、有终止的递归调用。可以用 if 语句来控制递归的结束条件。

例如，有 5 个人坐在一起，问第 5 个人多少岁，他说比第 4 个人大 2 岁；问第 4 个人多少岁，他说比第 3 个人大 2 岁；问第 3 个人多少岁，他说比第 2 个人大 2 岁；问第 2 个人多少岁，他说比第 1 个人大 2 岁。最后问第 1 个人多少岁，他说是 10 岁。请问第 5 个人多大？

可以用式子将上述情形表述如下：

$$age(n) = \begin{cases} 10 & (n = 1) \\ age(n - 1)+2 & (n > 1) \end{cases}$$

即：

age(5) = age(4) + 2

age(4) = age(3) + 2

age(3) = age(2) + 2

age(2) = age(1) + 2

age(1) = 10

精妙绝伦，递归的世界很奇妙

求解过程可分成两个阶段。第一阶段是"递推"，即将第 *n* 个人的年龄表示为第 (*n* – 1) 个人年龄的函数，而第 (*n* – 1) 个人的年龄不知道，还要"递推"求出第 (*n* – 2) 个人的年龄……直到"递推"获得第 1 个人的年龄，此时 *age*(1) 已知，不必再向前推。第二阶段是"回归"，即从第 1 个人的年龄"回归"算出第 2 个人的年龄，从第 2 个人的年龄"回归"算出第 3 个人的年龄……最后"回归"算出第 5 个人的年龄。其运算过程如图 12.2 所示。

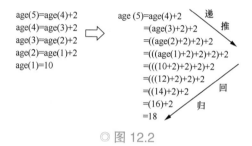

◎ 图 12.2

参考程序如下。

```
1    #include "picture.h" //加入绘图头文件
2
3    int age(int n)
4    {
5      int c;
6      if(n==1)    //递归结束的条件
7        return 10;
8      else
9          c=age(n-1)+2; //调用自身
10     return c;
11   }
12
13   int main()
14   {
15     cout<<age(5);//直接输出结果
16     Win.Show();//启动绘图窗口
17   }
```

递归算法运行的过程是这样的：当要调用函数自身时，系统将该函数在内存中复制一份，记住当前函数的位置后在复制的程序中运行，如果再调用函数自身，就再在内存中复制一份，直到递归结束后将结果依次返回到原来位置后继续运行，如图 12.3 所示。

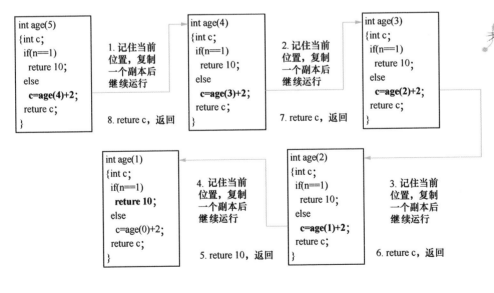

图 12.3

动手实践

使用递归算法绘制图 12.4 所示的图形。

思路分析如下。

（1）自定义一个应用递归算法的函数，用 if 判断语句设定递归的次数不超过 200。

（2）若满足继续递归的条件，则进行下一层递归。当递归结束回溯时，再绘制图形。

◎ 图 12.4

使用首递归的参考程序如下。

```
1    #include "picture.h" //加入绘图头文件
2
3    void dg(int n)
4    {
5      if(n<200)//递归的退出条件是n≥200
6      {
7        dg(n+5);//递归放在绘图语句前
8        Pen.Go(n);
9        Pen.Angle(90);
10     }
11   }
12
13   int main()
14   {
15     Pen.Speed(500);
16     dg(0);
17     Win.Show();//启动绘图窗口
18   }
```

使用尾递归的参考程序如下。

```
1    #include "picture.h" //加入绘图头文件
2
3    void dg(int n)
4    {
5      if(n<200)//显然n≥200则退出
6      {
7        Pen.Go(n);
8        Pen.Angle(90);
9        dg(n+5);//递归放在绘图语句后
10     }
11   }
12
13   int main()
14   {
15     Pen.Speed(500);
16     dg(0);
17     Win.Show();//启动绘图窗口
18   }
```

    如果把递归调用写在绘图语句之前，就是"首递归"。可以观察到，图形是由大到小绘制的。因为程序是先逐层递推到最底层后，再在逐层回归的过程中绘制图形的。

    如果把递归调用写在绘图语句之后，就是"尾递归"。可以观察到，图形是由小到大绘制的。因为程序是在逐层递推的过程中绘制图形后，再逐层回归的。

扩展任务

试用递归算法绘制图 12.5 所示的图形。

◎ 图 12.5

精妙绝伦：递归的世界很奇妙

参考程序如下。

```
1   #include "picture.h" //加入绘图头文件
2
3   void dg(int n)
4   {
5     if(n<250)
6     {
7       Pen.Go(n);
8       Pen.Angle(91);
9       dg(n+1);
10    }
11  }
12
13  int main()
14  {
15    Pen.Speed(10);
16    Pen.Color(1);
17    dg(1);
18    Win.Show();
19  }
```

尝试修改上面的程序，将 dg(n+1) 改为 dg(n-1) 后观察绘图效果。

尝试修改上面的程序，将画笔旋转的角度改为 60、71、75、143 度，分别观察程序运行的效果。

课后练习

练习1　试用递归算法绘制图 12.6 所示的图形，即输入一个整数 n 后，从绘制一个正三角形开始，依次绘制正四边形、正五边形……直到正 n 边形。

◎ 图 12.6

参考程序如下。

```
1    #include "picture.h" //加入绘图头文件
2
3    void dg(int n)
4    {
5      if(n<3)
6        return;
7      for(int i=1;i<=n;i++)
8      {
9        Pen.Go(20);
10       Pen.Angle(360/n);
11     }
12     dg(n-1);
13   }
14
15   int main()
16   {
17     Pen.Show(0);
18     Pen.Move(0,-150);
19     Pen.Color(0,0,255);
20     Win.BackColor(15);
21     int n;
22     cin>>n;
23     dg(n);
24     Win.Show();
25   }
```

练习2 尝试完善程序，绘制图 12.7 所示的图形。

◎ 图 12.7

参考程序如下。

青少年编程魔法课堂 C++ 图形化创意编程

```
1    #include "picture.h" //加入绘图头文件
2
3    void dg(double n)
4    {
5      if(n<10)
6       return;
7      for(int i=0;i<3;i++)
8      {
9        Pen.Go(n);
10       Pen.Angle(    );
11     }
12     Pen.Go(n/2);
13     Pen.Angle(    );
14     dg(    );
15   }
16
17   int main()
18   {
19     Win.BackColor(15);
20     Pen.Color(4);
21     Pen.Show(0);
22     Pen.LineWidth(2);
23     dg(100);
24     Win.Show();//启动绘图窗口
25   }
```

第十三课 进阶中间递归——绘制 树和雪花

本课我们将学习通过中间递归绘制一些图形，如图 13.1 所示。

◎ 图 13.1

我们将学到的主要知识点如下。

（1）中间递归程序的一般结构和执行过程。

（2）使用中间递归绘制图形。

准备知识

如果把递归调用放在绘图语句中间，就叫作"中间递归"。中间递归是在尾递归的基础上变化而来的，它是在尾递归完成后，再按上面的数值变化顺序反向执行的一个过程。中间递归的一般结构如下。

精妙绝伦，递归的世界很奇妙

```
函数类型  函数名（形参表）
{
    语句块 1；
    递归调用函数自身； // 中间递归
    语句块 2；
}
```

中间递归以递归函数为界，将函数自身划分为前后两段，前段先执行，满足结束条件以后，再执行后段。递归中使用的变量在前后两段的变化是对称的。

例如下面的代码。

```
void fun(int x)
{
    if(x<=0)
        return;
    cout<<x;
    fun(x-1); // 中间递归
    cout<<x;
}
```

如果主程序中调用 fun(3)，其执行过程如图 13.2 所示，程序执行结果为 321123。其中"321"由递归函数前的输出语句输出，"123"由递归函数后的输出语句输出。

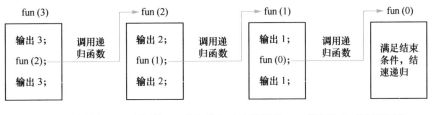

◎ 图 13.2

中间递归能够以极其简练的程序语句画出非常复杂的图形。

动手实践

试用中间递归算法绘制图 13.3 所示的图形。

思路分析如下。

定义一个递归函数，递归参数 n 从 50 开始，每递归到下一层，递归参数 n 减 1。

每次递归到下一层，线条宽度减小。

每次绘制一段主树干后，画笔左转绘制左树枝，左树枝的长度随递归深度的增加而减小，返回后进入下一层递归。当绘制左树枝的递归结束返回后再绘制右树枝，右树枝的画法同左树枝。

◎ 图 13.3

参考程序如下。

```
1     #include "picture.h" //加入绘图头文件
2
3     void tree(int n)
4     {
5       if(n<0)
6         return;
7       Pen.LineWidth(n/3);
8       Pen.Go(20);
9       Pen.Back(10);
10      Pen.Angle(50);//左转绘制左树枝
11      Pen.Go(n);
12      Pen.Back(n);
13      Pen.Angle(-50);//恢复画笔朝上
14      tree(n-4);      //中间递归
15      Pen.LineWidth(n/3);
16      Pen.Angle(-50);//右转绘制右树枝
17      Pen.Go(n);
18      Pen.Back(n);
19      Pen.Angle(50);//恢复画笔朝上
20      Pen.Back(10);
21    }
22
23    int main()
24    {
25      Pen.Show(0);
26      Pen.Speed(300);
27      Win.BackColor(15);
28      Pen.Color(0,255,0);
29      Pen.Angle(90);
30      tree(50);
31      Win.Show();//启动绘图窗口
32    }
```

扩展任务

试用递归算法绘制图 13.4 所示的雪花。

◎ 图 13.4

参考程序如下。

```
1    #include "picture.h" //加入绘图头文件
2
3    void snow(int L)
4    {
5      if(L>2)
6      {
7        Pen.Go(L);
8        Pen.Angle(-60);
9        Pen.Go(L);
10       Pen.Back(L);
11       Pen.Angle(120);
12       Pen.Go(L);
13       Pen.Back(L);
14       Pen.Angle(-60);
15       snow(L-3);//递归
16       Pen.Back(L);
17     }
18   }
19
20   int main()
21   {
22     Pen.Show(0);
23     Win.BackColor(15);
24     Pen.Color(4);
25     for(int i=1;i<=6;i++)//6个羽毛状的图形拼成雪花
26     {
27       snow(20);
28       Pen.Angle(60);
29     }
30     Win.Show();//启动绘图窗口
31   }
```

课后练习

练习 1 试用递归算法绘制图 13.5 所示的图形。

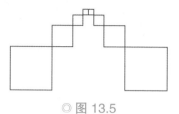

◎ 图 13.5

参考程序如下。

```
1    #include "picture.h" //加入绘图头文件
2
3    void dg(int n)
4    {
5      if(n<5)
6      {
7        Pen.Angle(-90);
8        return;
9      }
10     for(int i=1;i<=6;i++)
11     {
12       Pen.Go(n);
13       Pen.Angle(90);
14     }
15     Pen.Angle(-180);
16     dg(n/2);//中间递归
17     for(int i=1;i<=6;i++)
18     {
19       Pen.Go(n);
20       Pen.Angle(90);
21     }
22     Pen.Angle(-180);
23   }
24
25   int main()
26   {
27     Pen.Show(0);
28     Pen.Speed(100);
29     Pen.MoveTo(-100,-100);
30     dg(50);
31     Win.Show();//启动绘图窗口
32   }
```

第十四课 多重递归显魅力——绘制炫彩二叉树

本课我们将学习使用多重递归绘制一些图形，如图 14.1 所示。

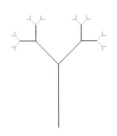 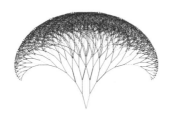 

◎ 图 14.1

我们将学到的主要知识点如下。

（1）多重递归程序的一般结构和执行过程。

（2）使用多重递归绘制图形。

 准备知识

在函数中包含两个或两个以上自身调用的情形，被称为"多重递归"。

多重递归的一般结构如下。

精妙绝伦，递归的世界很奇妙

```
函数类型  函数名 ( 形参表 )
{
    语句块 1;
    递归调用函数自身； // 第一个递归
    语句块 2;
    递归调用函数自身； // 第二个递归
    语句块 3;
    …
}
```

多重递归执行过程中，当递归函数第一次出现时，程序进入递归调用，直到递归调用满足结束条件以后，程序返回到调用处继续执行后续语句；当递归函数第二次出现时，程序再次进入递归调用，直到满足结束条件以后，程序返回调用处再继续执行后续语句……直到所有的递归函数执行完成，程序结束当前递归。

例如下面的多重递归函数。

```cpp
void fun(int x)
{
    if(x<=0)
        return;
    cout<<x;
    fun(x-1); // 第一个递归
    cout<<x;
    fun(x-1); // 第二个递归
    cout<<x;
}
```

如果在主程序中调用 fun(3)，其执行过程如图 14.2 所示。

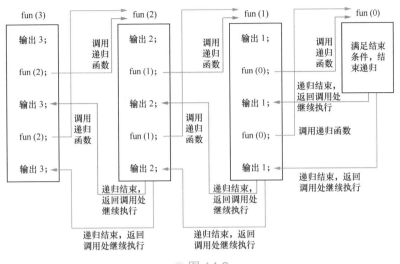

◎ 图 14.2

程序执行结果为 32111211123211121112 3，递归调用与输出结果之间的对应关系如图 14.3 所示。

◎ 图 14.3

试用递归算法绘制图 14.4 所示的图形。

◎ 图 14.4

参考程序如下。

```
1    #include "picture.h" //加入绘图头文件
2
3    void tree(int l,int n)
4    {
5      if(n!=0)
6      {
7        Pen.Color(n%5+1);
8        Pen.Go(l);
9        Pen.Angle(45);
10       tree(l/2,n-1);//递归
11       Pen.Angle(-90);
12       tree(l/2,n-1);//递归
13       Pen.Angle(45);
14       Pen.Back(l);
15     }
16   }
17
18   int main()
19   {
20     Pen.Show(0);
21     Pen.LineWidth(2);
22     //Pen.Speed(100);
23     Pen.Angle(90);
24     tree(50,5);
25     Win.Show();//启动绘图窗口
26   }
```

试用递归算法绘制图 14.5 所示的二叉树图形。

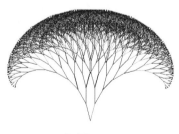

◎ 图 14.5

参考程序如下。

```
1    #include "picture.h" //加入绘图头文件
2
3    void Tree(int n)
4    {
5      if(n!=0)
6      {
7        Pen.Color(n%10);
8        Pen.Angle(-15);
9        Pen.Go(2*n);
10       Tree(n-1);//递归
11       Pen.Back(2*n);
12       Pen.Angle(15);
13
14       Pen.Angle(15);
15       Pen.Go(2*n);
16       Tree(n-1);//再次调用递归
17       Pen.Back(2*n);
18       Pen.Angle(-15);
19     }
20   }
21
22   int main()
23   {
24     Pen.Show(0);
25     Win.BackColor(15);
26     Pen.Angle(90);//设置画笔朝上
27     Tree(12);
28     Win.Show();//启动绘图窗口
29   }
```

扩展任务

试用递归算法绘制图 14.6 所示的带有左侧侧枝的三叉树。

◎ 图 14.6

参考程序如下。

```cpp
#include "picture.h" //加入绘图头文件

void Tree(int l,int n)
{
  if(n>0)
  {
    Pen.Go(l*2);//画树的主干
    Pen.Angle(30);//向左转
    Tree(l/2,n-1);//递归
    Pen.Angle(-60);//向右转
    Tree(l/2,n-1);//递归
    Pen.Angle(30);//恢复画笔朝向
    Pen.Back(l);//退回树干中部
    Pen.Angle(30);//向左转
    Tree(l/2,n-1);//递归
    Pen.Angle(-30);//恢复画笔朝向
    Pen.Back(l);//画笔回到初始位置
  }
}

int main()
{
  Pen.Show(0);
  Win.BackColor(15);
  Pen.Color(2);
  Pen.Angle(90);//设置画笔朝上
  Tree(50,6);
  Win.Show();//启动绘图窗口
}
```

试用递归算法绘制图 14.7 所示的三叉树。

◎ 图 14.7

参考程序如下。

```
1     #include "picture.h" //加入绘图头文件
2
3     void Tree(int n,int f)
4     {
5       if(n>5)
6       {
7         Pen.LineWidth(n/6);
8         if(n<10)
9           Pen.Color(10);//亮绿色
10        else
11          Pen.Color(2);//绿色
12        Pen.Go(n);//画树干
13        Pen.Angle(30-f);//向左转
14        Tree(n*0.6,f);//递归
15        Pen.Angle(-30);//恢复画笔朝向
16        Tree(n*0.8,f);//递归
17        Pen.Angle(-30);//向右转
18        Tree(n*0.6,f);//递归
19        Pen.Angle(30+f);//恢复画笔朝向
20        Pen.Back(n);//画笔回到初始位置
21      }
22    }
23
24    int main()
25    {
26      Pen.Show(0);
27      Win.BackColor(15);
28      Pen.Angle(90);//设置画笔朝上
29      Tree(60,10);//参数1设置树长，参数2设置树干倾斜度
30      Win.Show();//启动绘图窗口
31    }
```

课后练习

练习1 如图14.8所示，绘制某蕨类植物叶片的程序中使用了中间递归和多重递归的技巧，不仅画出来的图像相对真实，而且程序的语句也十分简单，试完善该程序。

精妙绝伦：递归的世界很奇妙

◎ 图 14.8

参考程序如下。

```
1    #include "picture.h" //加入绘图头文件
2
3    void f(float L)
4    {
5      if(L>5)
6      {
7        Pen.Go(L/20);
8        Pen.Angle(80);
9        f(L*0.4);   //递归
10       Pen.Angle(-82);
11       Pen.Go(L/20);
12       Pen.Angle(-80);
13       f(L*0.4);   //递归
14       Pen.Angle(78);
15       f(L*0.9);   //递归
16       Pen.Angle(2);
17       Pen.Back(L/20);
18       Pen.Angle(2);
19       Pen._____;
20      }
21    }
22
23    int main()
24    {
25      Pen.Show(0);
26      Win.BackColor(15);
27      Pen.LineWidth(2);
28      Pen.Color(0,255,0);
29      f(300);
30      Win.Show();//启动绘图窗口
31    }
```

练习2 如图 14.9 所示，绘制山雉羽毛程序的特别之处是使用了两个中间递归函数。YM 递归函数用来画羽毛的整体框架，被调用的中间递归函数 YY 用于画每一根分支，试将该程序完善。

◎ 图 14.9

参考程序如下。

```
1    #include "picture.h" //加入绘图头文件
2
3    void YY(float s)
4    {
5      if(s>2)
6      {
7        Pen.Go(s/3);
8        Pen.Angle(45);
9        Pen.Go(s*0.618);
10       Pen.Back(s*0.618);
11       Pen.Angle(-90);
12       Pen.Go(s*0.618);
13       Pen.Back(s*0.618);
14       Pen._____;
15       YY(s*0.618);
16       Pen.Back(s/3);
17     }
18   }
19
20   void YM(float L)
21   {
22     if(L>2)
23     {
24       Pen.Go(L/3);
25       Pen.Angle(45);
26       YY(L/3);
27       Pen.Angle(-90);
28       YY(L/3);
```

```
29        Pen.Angle(45);
30        YM(L*0.85);
31        Pen._____;
32      }
33    }
34
35    int main()
36    {
37      Pen.Show(0);
38      Win.BackColor(15);
39      Pen.LineWidth(2);
40      Pen.Color(55,55,150);
41      YM(90);
42      Win.Show();//启动绘图窗口
43    }
```

循环中递归出奇迹——
绘制奇妙变幻图

本课我们将学习使用循环中递归绘制一些图形，如图 15.1 所示。

◎ 图 15.1

我们将学到的主要知识点如下。

（1）循环中递归的执行过程。

（2）使用循环中递归绘制图形。

 准备知识

　　在函数中包含一个循环语句，且这个循环语句中包含对这个函数的调用的情形，被称为循环中递归。例如下面的递归函数，就是在循环体中调用这个递归函数。

精妙绝伦，递归的世界很奇妙

青少年编程魔法课堂 C++ 图形化创意编程

```
void fun(int x)
{
    if(x>0)
      for(int i=0; i<=x; i++)
      {
        cout<<i;
        fun(x-1); // 循环体中包含递归
      }
}
```

假如在主程序中执行 fun(3)，循环过程及递归函数调用的关系如表 15.1 所示。

表 15.1　循环过程及递归函数调用的关系

i	fun(3)	fun(2)	fun(1)	fun(0)
0	输出 0 调用 fun(2)	输出 0 调用 fun(1)	输出 0 调用 fun(0)	
1	输出 1 调用 fun(2)	输出 1 调用 fun(1)	输出 1 调用 fun(0)	结束递归
2	输出 2 调用 fun(2)	输出 2 调用 fun(1)	—	
3	输出 3 调用 fun(2)	—	—	

动手实践

绘制图 15.2 所示的图形。

◎ 图 15.2

参考程序如下。

```
1    #include "picture.h" //加入绘图头文件
2
3    void dg(int len,int n)
4    {
5      if(n!=0)
6      {
7        for(int i=0; i<3; i++)
8        {
9          dg(len/2,n-1);
10         Pen.Go(len);
11         Pen.Angle(120);
12       }
13     }
14   }
15
16   int main()
17   {
18     Pen.Show(0);
19     Pen.Move(-100,-100);
20     Win.BackColor(15);
21     Pen.Color(25,25,250);
22     dg(200,6);
23     Win.Show();
24   }
```

试用递归算法绘制图形，当递归函数的参数为 (8,100,200,4) 和 (20,100,270,3) 时显示的图形如图 15.3 所示。

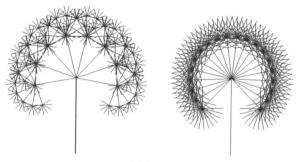

◎ 图 15.3

参考程序如下。

```cpp
#include "picture.h" //加入绘图头文件

//n表示n叉树，step表示步长，ang表示角度，k表示递归深度
void Tree(int n,int step,double ang,int k)
{
  if(k>0)
  {
    Pen.Go(step);
    Pen.Angle(ang/2);//向左转
    for(int i=1; i<=n; i++)
    {
      Tree(n,step/2,ang,k-1);
      Pen.Angle(-ang/(n-1));//依次向右转
    }
    Pen.Angle(ang/2+ang/(n-1));//恢复画笔朝向
    Pen.Back(step);//画笔回到初始位置
  }
}

int main()
{
  Pen.Show(0);
  Win.BackColor(15);
  Pen.Color(1);
  Pen.Angle(90);//设置画笔朝上
  Tree(20,100,270,3);
  Win.Show();//启动绘图窗口
}
```

扩展任务

试用递归算法绘制图 15.4 所示的图形，递归参数分别为 (60,5)、
(60,6)、(60,7)。

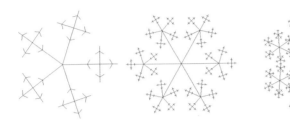

◎ 图 15.4

参考程序如下。

```
1    #include "picture.h" //加入绘图头文件
2
3    void firework(double L,int n)
4    {
5      if(n>0)
6        for(int i=1; i<=n; i++)
7        {
8          Pen.Go(L);
9          firework(L/3,n-1);
10         Pen.Back(L);
11         Pen.Angle(360/n);
12        }
13   }
14
15   int main()
16   {
17     Pen.Show(0);
18     Win.BackColor(15);
19     Pen.Color(4);
20     firework(60,7);
21     Win.Show();//启动绘图窗口
22   }
```

精妙绝伦，递归的世界很奇妙

练习 试用递归算法绘制图 15.5 所示的图形。

◎ 图 15.5

参考程序如下。

```
1    #include "picture.h" //加入绘图头文件
2
3    void dg(int n)
4    {
5      if(n<10)
6       return;
7      for(int i=0;i<4;i++)
8      {
9        Pen.Color(rand()%15);
10       Pen.Go(n);
11       dg(n/2);
12       Pen.Angle(90);
13     }
14   }
15
16   int main()
17   {
18     Seed();
19     Pen.Show(0);
20     //Pen.Speed(100);
21     dg(100);
22     Win.Show();//启动绘图窗口
23   }
```

附　录

青少年编程魔法课堂 C++ 图形化创意编程

附录 **绘图函数库**

◎ 控制台函数

命令格式	功能说明	示例
Cmd.BackColor("XY")	设置控制台窗口的背景色和前景色，其中 X 和 Y 为两个十六进制数，取值为 0~F，分别代表背景色和前景色。0~F 代表的颜色如下。 0 为黑色，8 为灰色， 1 为蓝色，9 为淡蓝色， 2 为绿色，A 为淡绿色， 3 为湖蓝色，B 为淡浅绿色， 4 为红色，C 为淡红色， 5 为紫色，D 为淡紫色， 6 为黄色，E 为淡黄色， 7 为白色，F 为亮白色	设置控制台窗口为蓝底白字的语句为 Cmd.BackColor("17");
Cmd.Clear()	清除控制台窗口中显示的所有内容	Cmd.Clear();
Cmd.Cout(int x,int y,string s)	在控制台窗口坐标为（x,y）的位置显示字符串 s	在控制台窗口坐标（10，20）的位置显示字符串"这是示例"的语句为 Cmd.Cout(10,20," 这是示例 ");
Cmd.GetTitle()	获取控制台窗口的标题	将控制台窗口的标题赋给字符串 s 的语句为 string s=Cmd.GetTitle();
Cmd.SetTitle(string s)	设置控制台窗口的标题	设置控制台窗口的标题为"一个小游戏"的语句为 Cmd.SetTitle(" 一个小游戏 ");

命令格式	功能说明	示例
Cmd.Language(int v)	设置控制台窗口的代码页，v 为代码页编码，其编码和语言对应关系如下。 1258 为越南语， 1257 为波罗的语， 1256 为阿拉伯语， 1255 为希伯来语， 1254 为土耳其语， 1253 为希腊语， 1252 为拉丁 1 字符 (ANSI)， 1251 为西里尔语， 1250 为中欧语言， 950 为繁体中文， 949 为朝鲜语， 936 为简体中文， 932 为日语， 874 为泰国语， 850 为多语种 (MS–DOS Latin1)， 437 为 MS–DOS 美式英语	设置控制台窗口的代码页为简体中文的语句为 Cmd.Language(936);
Cmd. Size(int x,int y)	设置控制台窗口的宽为 x，高为 y	设置控制台窗口宽为 80，高为 40 的语句为 Cmd.Size(80,40);

Cmd.TextColor(int x,int y)	设置控制台显示文本的背景色和前景色，x 代表前景色，y 代表背景色，其取值范围为 0~255	Cmd.TextColor(20,30);
		for(int i=0; i<=255; i++)
		  for(int j=0; j<=255; j++)
		  {
		    Cmd.TextColor(i,j);
		    cout<<"*";
		  }

Cmd.HideCursor()	隐藏控制台窗口的光标	Cmd.HideCursor();

命令格式	功能说明	示例
Cmd.GetConsoleX()	获取控制台窗口中光标在 x 轴上的值	将控制台窗口光标在 x 轴上的值赋给整数变量 x 的语句为 int x=Cmd.GetConsoleX();
Cmd.GetConsoleY()	获取控制台窗口中光标在 y 轴上的值	将控制台窗口光标在 y 轴上的值赋给整数变量 y 的语句为 int y=Cmd.GetConsoleY();
Cmd.SetConsoleXY(int x,int y)	设置控制台窗口中光标的位置在坐标（x,y）上	设置控制台窗口中光标的位置在坐标（10,20）上的语句为 Cmd.SetConsoleXY(10,20);

Cmd.GetMouse()	获取鼠标单击状态，一般与 Cmd.GetMouseX(int u) 和 Cmd.GetMouseY(int u) 同时使用	获取鼠标单击位置的坐标给整数变量 x、y。
		int m=Cmd.GetMouse();
		int x= Cmd.GetMouseX(m);
		int y= Cmd.GetMouseY(m);

Cmd.GetMouseX(int u)	获取鼠标单击位置的 x 值，一般与 Cmd.GetMouse() 同时使用	获取鼠标单击位置的坐标给整数变量 x、y。
		int m=Cmd.GetMouse();
		int x= Cmd.GetMouseX(m);
		int y= Cmd.GetMouseY(m);

Cmd.GetMouseY(int u)	获取鼠标单击位置的 y 值，一般与 Cmd.GetMouse() 同时使用	获取鼠标单击位置的坐标给整数变量 x、y。
		int m=Cmd.GetMouse();
		int x= Cmd.GetMouseX(m);
		int y= Cmd.GetMouseY(m);

Cmd.GetKey()	获取键盘按键值	将键盘按键值赋给整数变量 x 的语句为 int x= GetKey();

命令格式	功能说明	示例
Cmd. DrawBox(int x,int y,int lenth,int height,string str)	在控制台窗口（x,y）坐标处绘制一个宽为 lenth、高为 height 的矩形框，字符串 str 的取值范围为 "0"~"18"，除此之外的单个字符串将被作为矩形框的填充图案显示	在坐标（5，5）处绘制一个宽为 6、高为 4 的矩形，不同字符串显示的效果如下。 Cmd.DrawBox(5,5,6,4,"0"); Cmd.DrawBox(5,5,6,4,"1");
Cmd. Rectangle(int x,int y,int lenth,int height,string str)	在控制台窗口（x,y）坐标处绘制一个宽为 lenth、高为 height 的实心矩形，字符串 str 的取值范围为 "0"~"18"，除此之外的单个字符串将被作为矩形框的填充图案显示	在坐标（5，5）处绘制一个宽为 6，高为 4 的矩形，不同字符串显示的效果如下。 Cmd. Rectangle(5,5,6,4,"0"); Cmd. Rectangle(5,5,6,4,"1");

◎ 控制函数

命令格式	功能说明	示例
CartoonRotate(int i,int x,int y,int z,int step,int Max)	自身旋转动画，i 为初始值，x、y、z 为 x 轴、y 轴、z 轴旋转的比值，step 为旋转步长，Max 为最大值，当初始值和 Max 为负数时反向旋转，一般与动画结束命令 CartoonEnd() 同时使用	CartoonRotate(1,0,0,1,1,360); Model.Teapot(50,1); CartoonEnd();// 结束
CartoonRunX(int i,int Max)	使物体绕 x 轴旋转，参数为初始值和最大值，均为负值时反向旋转，一般与动画结束命令 CartoonEnd() 同时使用	CartoonRunX(−1,−200); Model.Teapot(50,1); CartoonEnd();// 结束
CartoonRunY(int i,int Max)	使物体绕 y 轴旋转，参数为初始值和最大值，均为负值时反向旋转，一般与动画结束命令 CartoonEnd() 同时使用	CartoonRunY(−1,−200); Model.Teapot(50,1); CartoonEnd();// 结束
CartoonRunZ(int i,int Max)	使物体绕 z 轴旋转，参数为初始值和最大值，均为负值时反向旋转，一般与动画结束命令 CartoonEnd() 同时使用	CartoonRunZ(−1,−200); Model.Teapot(50,1); CartoonEnd();// 结束
CartoonLoopX(int i,int Max)	使物体绕 x 轴做往复运动，参数为初始值和最大值，均为负值时反向旋转，一般与动画结束命令 CartoonEnd() 同时使用	CartoonLoopX(−1,−200); Model.Teapot(50,1); CartoonEnd();// 结束

命令格式	功能说明	示例
CartoonLoopY(int i,int Max)	使物体绕 y 轴往复运动，参数为初始值和最大值，均为负值时反向旋转，一般与动画结束命令 CartoonEnd() 同时使用	CartoonLoopY(-1,-200); Model.Teapot(50,1); CartoonEnd();// 结束
CartoonLoopZ(int i,int Max)	使物体绕 z 轴往复运动，参数为初始值和最大值，均为负值时反向旋转，一般与动画结束命令 CartoonEnd() 同时使用	CartoonLoopZ(-1,-200); Model.Teapot(50,1); CartoonEnd();// 结束
CartoonCircleXY(int i,int step,int Max)	使物体绕 xy 平面做圆周旋转，i 为半径初始值，step 为步长，Max 为最大值，一般与动画结束命令 CartoonEnd() 同时使用	CartoonCircleXY(-50,-1,-360); Model.Teapot(50,1); CartoonEnd();// 结束
CartoonCircleXZ(int i,int step,int Max)	使物体绕 xz 平面做圆周旋转，i 为半径初始值，step 为步长，Max 为最大值，一般与动画结束命令 CartoonEnd() 同时使用	CartoonCircleXZ(-50,-1,-360); Model.Teapot(50,1); CartoonEnd();// 结束

OpenAlone()	使用此命令打开独立坐标系，独立坐标系内的物体的空间操作将不影响独立坐标系外的物体，关闭独立坐标系的命令为 CloseAlone()	OpenAlone();// 打开独立坐标系
		……// 此处添加语句
		CloseAlone();

CloseAlone()	关闭独立坐标系	OpenAlone();// 打开独立坐标系
		……// 此处添加语句
		CloseAlone();

附
录

青少年编程魔法课堂 C++ 图形化创意编程

续表

命令格式	功能说明	示例
Scale(int x,int y,int z)	对物体进行缩放，x、y、z 为 x 轴、y 轴、z 轴的缩放比例	Scale(2,1,2); Model.Teapot(50,1); Scale();
Scale()	结束对物体的缩放	Scale();

Flash()	设置物体的闪烁效果，此语句对已经设置颜色的物体无效，设置画笔颜色可以结束闪烁	Flash();// 闪烁
		Pen.Line(50,1,45,55);
		Pen.Color(200,120,200);
		// 结束效果

NeonLight()	设置物体的霓虹灯效果，此语句对已经设置颜色的物体无效，设置画笔颜色可以结束霓虹灯效果	NeonLight();// 霓虹灯效果
		Pen.Line(50,1,45,55);
		Pen.Color(200,120,200);
		// 结束效果

◎ 绘制函数

命令格式	功能说明	示例
DrawLine()	绘制直线，此语句会将其后的一组 Vertex(int x,int y) 语句的各顶点连接成线段，绘制直线结束命令为 DrawEnd()	从坐标（0，0）到（60，10）绘制一条直线的语句为： DrawLine(); Vertex(0,0); Vertex(60,10); DrawEnd();

命令格式	功能说明	示例
DrawEnd()	结束绘制	DrawEnd();
Vertex(int x,int y)	在二维平面上设置顶点语句，其中 x、y 为 x 轴和 y 轴坐标	Vertex(20,20);
Vertex(int x,int y,int z)	在三维平面上设置顶点语句，其中 x、y、z 为 x 轴、y 轴和 z 轴坐标	Vertex(20,20,20);
DrawCloseLine()	绘制闭合线段，此语句会将其后的一组 Vertex(int x,int y) 语句的各顶点连接成线段，并将最后一个顶点与第一个顶点连接，形成闭合线段，绘制闭合线段结束命令为 DrawEnd()	DrawCloseLine(); Vertex(0,0); Vertex(0,60); Vertex(60,60); DrawEnd();
DrawTriangle()	绘制三角形命令，此语句利用给定的 3 个点来绘制三角形。每 3 个顶点绘制一个三角形，若给定数据点个数不是 3 的整数倍，则自动忽略剩余的点，绘制结束命令为 DrawEnd()	DrawTriangle(); Vertex(0,0); Vertex(60,10); Vertex(50,50); DrawEnd();
DrawTriangles()	绘制连续三角形命令，此语句会将 3 个顶点连接成三角形，随后每一个顶点与最后一条边再连接成三角形，顶点由 Vertex(int x,int y) 语句确定，绘制结束命令为 DrawEnd()	DrawTriangles(); Vertex(0,0); Vertex(60,10); Vertex(50,50); Vertex(60,50); DrawEnd();

命令格式	功能说明	示例

DrawTriangleFAN()	绘制连续三角形成扇形命令，此语句会将各顶点连接成三角形，具体方式是：以第一点为中心，绘制多个三角形，形成一个扇形区域，绘制结束命令为 DrawEnd()	DrawTriangleFAN();
		 Pen.Color("Red"); // 画笔颜色为红色
		Vertex(0,0);// 公共点
		Vertex(80,-90);// 第一个三角形的第二个点
		Vertex(100,-50);// 第一个三角形的第三个点
		Pen.Color("Blue");// 画笔颜色为蓝色
		Vertex(110,0);// 同时也是第二个三角形的第二个点
		Pen.Color("Green");// 画笔颜色为绿色
		Vertex(90,50);// 第二个三角形的第三个点
		DrawEnd();

DrawQuad()	绘制四边形，绘制结束命令为 DrawEnd()	DrawQuad();
		  Vertex(-100,-100);
		  Vertex(100,-100);
		  Vertex(100,70);
		  Vertex(-100,80);
		DrawEnd();

命令格式	功能说明	示例
DrawPolygon()	绘制多边形，绘制结束命令为 DrawEnd()	DrawPolygon(); Vertex(10,0); Vertex(60,10); Vertex(30,10); Vertex(20,50); Vertex(0,20); DrawEnd();

◎ 文件操作函数

命令格式	功能说明	示例
File.LoadStlModel(string str,int x,int y,int z,int rx,int ry,int rz,int scale)	打开 ASCII 格式的 stl 三维模型文件 ,str 为文件路径和文件名（工程目录下的 stl 文件可不加文件路径）, x、y、z 为模型显示的三维坐标位置 ,rx、ry、rz 为 x 轴、y 轴、z 轴旋转角度 ,scale 为缩放比例	File.LoadStlModel("fully.stl",50,50,30,30,30,0,1.5);
Win.Background(string str)	添加背景图片 ,str 为文件路径，图片文件格式为 BMB 格式	Win.Background("xjtlu.bmp");
Model.Texture(string str,int x,int y,int z,int ang,int rx,int ry,int rz,int L,int W)	三维空间显示图片 ,str 为文件路径，图片格式为 BMP 格式，x、y、z 为图片显示的坐标值，ang 为旋转角度 ,rx、ry、rz 为 x 轴、y 轴、z 轴的旋转比例，L 和 W 为图片的长和宽	for(int i=0;i<5;i++) Model.Texture("sky.bmp",i*50,0,0,0,0,0,0,20,20); for(int i=0;i<5;i++) Model.Texture（"xjtlu.bmp",50*i,50,0,30,1,1,0,20,20); Win.Background("xjtlu.bmp");// 显示背景图
File.LoadLink(string str)	打开 str 所指向的网页文件或链接	File.LoadLink("www.razxhoi.com");// 打开网页 File.LoadLink("c:"); // 打开 C 盘

◎ 随机数函数

命令格式	功能说明	示例
Seed()	随机数种子，产生随机数前必须要添加此语句	Seed();
rand()	产生随机整数，其范围在 0~32767	模拟骰子的语句为：int x= rand()%6+1;

◎ 绘图窗口函数

命令格式	功能说明	示例
Win.Name(char c[])	设置绘图窗口的标题名	Win.Name(" 这是一个标题名 ");
Win.GetName()	获取绘图窗口的标题名	string s=Win.GetName();
Win.Size(int x,int y)	设置绘图窗口的尺寸	设置绘图窗口宽为 80，高为 40 的语句为：Win.Size(80,40);
Win.Place(int x,int y)	设置绘图窗口在屏幕上的显示位置	设置绘图窗口左边界距屏幕左边框 20，上边界距屏幕上边框 10 的语句为：Win.Place(20,10);
Win.GetPlaceX()	获取绘图窗口显示位置的 x 坐标	获取绘图窗口显示位置的 x 坐标值并赋给整数变量 x 的语句为：int x=Win.GetPlaceX();
Win.GetPlaceY()	获取绘图窗口显示位置的 y 坐标	获取绘图窗口显示位置的 y 坐标值并赋给整数变量 y 的语句为：int y=Win.GetPlaceY();

青少年编程魔法课堂 C++ 图形化创意编程

命令格式	功能说明	示例
Win.GetWidth()	获取绘图窗口的宽度	获取绘图窗口的宽度值并赋给整数变量L的语句为: int L=Win.GetWidth();
Win.GetHeigh()	获取绘图窗口的高度	获取绘图窗口的高度值并赋给整数变量 H 的语句为: int H=Win.GetHeigh();
Win.Chessboard(int val,int width)	在绘图窗口绘制一个棋盘	绘制一个 8×8，宽度为 5 的棋盘的命令为: Win.Chessboard(8,5); 
Win.BackColor(int r,int g,int b)	设置绘图窗口的背景色，r、g、b 分别表示红色、绿色、蓝色，其取值范围为 0~255	设置绘图窗口背景色为白色的语句为: Win.BackColor(255,255,255);
Win.BackColor(int val)	设置绘图窗口的背景色，val 的取值范围为 0~15，其含义如下。 0对应黑色，1对应蓝色，2对应绿色，3对应青色，4 对应红色，5 对应洋红色，6对应黄色，7对应白色，8 对应黑色，9 对应亮蓝色，10 对应亮绿色，11 对应亮青色，12 对应亮红色，13 对应亮洋红色，14 对应亮黄色，15 对应亮白色	设置绘图窗口的背景色为蓝色的命令为: Win.BackColor(1);

命令格式	功能说明	示例
Win.BackColor(string c)	设置绘图窗口的背景色，颜色和字符串 c 的值的对应关系如下。 红色对应 "RED""red""Red"， 蓝色对应 "BLUE""blue""Blue"， 绿色对应 "GREEN""green""Green"， 紫色对应 "PURPLE""purple""Purple"， 黄色对应 "YELLOW""yellow""Yellow"， 粉色对应 "PINK"pink""Pink"， 褐色对应 "BROWN""brown""Brown"， 白色对应 "WHITE""white""White"， 灰色对应 "GRAY""gray""Gray"， 黑色对应 "BLACK""black""Black"， 橘色对应 "ORANGE""orange""Orange"， 咖啡色对应 "COFFEE""coffee""Coffee"， 金色对应 "GOLD""gold""Gold"， 银色对应 "SILVER""silver""Silver"	设置绘图窗口的背景色为蓝色的命令为 Win.BackColor("blue");

青少年编程魔法课堂 C++ 图形化创意编程

命令格式	功能说明	示例
Win.Background(char *path)	设置绘图窗口的背景图，背景图片格式为 BMP 格式	设置 "c:/picture.bmp" 为绘图窗口的背景图的语句 为 Win.Background ("c:/picture.bmp");
Win.GetBackColorR()	获取绘图窗口背景色的红色值	获取绘图窗口背景色的红色值并赋给整数变量 r 的语句为 int r= Win.GetBackColor R();
Win.GetBackColorG()	获取绘图窗口背景色的绿色值	获取绘图窗口背景色的绿色值并赋给整数变量 g 的语句为 int g= Win.GetBackColorG();
Win.GetBackColorB()	获取绘图窗口背景色的蓝色值	获取绘图窗口背景色的蓝色值并赋给整数变量 b 的语句为 int b= Win.GetBackColorB();
Win.Set3D(int opt)	设置绘图窗口的三维界面状态，opt 的值为 1 时为打开三维界面，值为 0 时关闭三维界面	设置绘图窗口的三维界面为打开状态的语句为 Win.Set3D(1);
Win.Get3D()	获取绘图窗口的三维界面设置状态，命令的返回值为 1 时表示三维界面已打开，值为 0 时表示三维界面已关闭	获取绘图窗口的三维界面设置状态并赋给整数变量 u 的语句为 int u=Win.Get3D();
Win.Show()	显示绘图窗口，该命令应该放在所有绘图命令的最后	Win.Show();
Win.FullScreen()	全屏显示绘图窗口	Win.FullScreen();

命令格式	功能说明	示例
Win.ShowXY()	在绘图窗口中显示简单坐标系	Win.ShowXY();
Win.ShowXY(int size)	在绘图窗口中显示网格状坐标系，size 表示网格的间距，取值范围为 1~10	Win.ShowXY(1);
Win.ShowXYZ()	在绘图窗口中显示三维坐标系	Win.ShowXYZ();
Win.Run(int x,int y)	旋转观察绘图窗口（背景图不受影响），x 表示水平旋转的速度，y 表示垂直旋转的速度，x 值为正数时，表示水平向左旋转，反之向右旋转；y 值为正数时，表示垂直向前旋转，反之向后旋转	以 10 为旋转速度水平向左旋转观察绘图窗口的语句为 Win.Run(10,0);
Win.FrogDesity(int v)	设置绘图窗口的雾浓度，v 的值越大，雾浓度越高	设置绘图窗口的雾浓度为 9：Win.FrogDesity(9);

附录

147

续表

命令格式	功能说明	示例
Win.Frog(int v)	设置绘图窗口的雾效是否打开，v 值为 1 时打开雾效，为 0 关闭雾效	打开雾效的语句为 Win.Frog(1);
Win.Wait(int time)	设置绘图窗口的动画延迟时间，time 单位为毫秒	Win.Wait(10);
Win.Info(int val)	设置绘图窗口提示信息是否显示，val 值为 1 时显示，为 0 时不显示	关闭绘图窗口提示信息的语句为 Win.Info(0);
Win.Message(char c[])	弹出消息框，字符数组 c 为显示到消息框中的内容	char c[]="hello"; Win.Message(c);
Win.Message(string c)	弹出消息框，字符串 c 为显示到消息框中的内容	string str="This is string"; Win.Message(str);
Win.Cout(string)	在绘图窗口输出 string 类型的字符串	string str="This is string"; Win.Cout(str);
Win.Cout(int n)	在绘图窗口输出整数 n	Win.Cout(123456);
Win.Cout(double n)	在绘图窗口输出双精度浮点数 n	Win.Cout(3.14159265);

命令格式	功能说明	示例
Win.Cout(char c[])	在绘图窗口输出字符数组 c	char c[]="This is char[]"; Win.Cout(c);
Win. Clean()	清除绘图窗口所有显示内容	Win. Clean();

◎ 语音函数

命令格式	功能说明	示例
Speech.Speak(string str)	使用计算机语音阅读功能朗读字符串 str	Speech.Speak(" 我会说话啦 ");
Speech.Add(string s1,string s2)	添加对话或命令到语音库，其中 s1 定义了用户发起对话的语音数据，s2 定义了计算机响应时的语句或执行命令	语音对话 : Speech.Add(" 你是谁？ "," 我是语音小助手 "); 语音命令 : Speech.Add(" 我要上网 ", "iexplore");
Speech.Chat()	启动语音聊天功能命令，一般在添加对话到语音库后执行	Speech.Add(" 你是谁？ "," 我是语音小助手 "); Speech.Chat();
Speech.Do()	根据语音执行相应的命令，一般在添加命令到语音库后执行	Speech.Add(" 我要上网 ", "iexplore"); Speech.Do();

◎ 声音函数

命令格式	功能说明	示例
Beep(int t)	发出系统音，t 的取值为 1~4	发出系统音 2 的语句为：Beep(2);
Sound(int s,int c,float delay)	演奏音符，其中 s 表示音符，以 1~7 表示 ;c 表示音高，-1 表示低音，0 表示中音，1 表示高音 ;delay 表示持续时间，单位为毫秒	发出中音"do"，持续 0.5 秒的语句为：Sound(1,0,500);

◎ 画笔函数

命令格式	功能说明	示例
Pen.Show(int val)	设置画笔是否显示，val 的值为 1 表示显示，值为 0 表示隐藏	隐藏画笔的语句为：Pen.Show(0);
Pen.Speed(int val)	设置画笔完成绘制所需要的时间，val 的单位为毫秒	设置画笔完成绘制所需要的时间为 100 毫秒的语句为 Pen.Speed(100);
Pen.Go(int val)	画笔沿指定角度前进距离为 val	Pen.Go(100);
Pen.Back(int val)	画笔沿指定角度后退距离为 val	Pen.Back(50);
Pen.Home()	画笔回到原点，画笔的旋转角度恢复为 0	Pen.Home();
Pen.Angle()	将画笔的旋转角度恢复为 0	Pen.Angle();
Pen.Angle(float ang)	二维平面上的画笔方向，ang 为旋转角度。ang 为正数表示逆时针旋转，为负数表示顺时针旋转	画笔逆时针旋转 90 度并将值赋给单精度浮点数 f 的语句为 float f=Pen.Angle(90);

命令格式	功能说明	示例
Pen.Angle(float ang1,float ang2)	设置三维空间中的画笔方向，ang1 和 ang2 为旋转角度，其中 ang1 为 xy 轴所在平面的角度，ang2 为 xz 轴所在平面的角度	Pen.Angle(90,30);
Pen.Arc(float r,float lenth,float d)	设置三维空间中的画笔沿指定角度画弧，其中 r 为弧的半径，lenth 为弧两端的直线距离	Pen.Arc(100,70,5); lenth
Pen. Move(int x,int y)	设置二维平面的画笔从原位置沿 x 轴移动距离 x，沿 y 轴移动距离 y	Pen. Move(50,40);
Pen.MoveTo(int x,int y)	设置二维平面的画笔直接移动到坐标 (x,y) 处	Pen.MoveTo(100, 100);
Pen.Move(int x,int y,int z)	设置三维空间的画笔从原位置沿 x 轴移动距离 x，沿 y 轴移动距离 y，沿 z 轴移动距离 z	Pen. Move(50,40,30);
Pen.MoveTo(int x,int y,int z)	设置三维空间的画笔直接移到坐标 (x,y,z) 处	Pen.MoveTo(50, 40,30);
Pen.DotWidth(int size)	设置绘制点的大小	Pen.DotWidth(5);
Pen.LineWidth(int size)	设置绘制线段的粗细，size 表示线段的粗细	Pen.LineWidth(3);
Pen. Line(int x,int y)	设置画笔从所在位置向坐标 (x,y) 绘制一条线段	Pen. Line(50,100);
Pen.Line(int x,int y,int z)	设置画笔从所在位置向坐标 (x,y,z) 绘制一条线段	Pen.Line(50,100,30);
Pen.Line(int x1,int y1,int x2,int y2)	在二维平面中，从坐标 $(x1,y1)$ 到坐标 $(x2,y2)$ 绘制一条线段	Pen.Line(5,5,100, 100);

命令格式	功能说明	示例
Pen.Line(int x1,int y1,int z1,int x2,int y2,int z2)	在三维空间中，从坐标（x1,y1,z1）向坐标（x2,y2,z2）绘制一条线段	Pen.Line(5,5,5,100, 100,100);
Pen.GetX()	获取画笔所在位置的 x 轴坐标值	int x=Pen. GetX();
Pen.GetY()	获取画笔所在位置的 y 轴坐标值	int y=Pen. GetY();
Pen.GetZ()	获取画笔所在位置的 z 轴坐标值	int z=Pen. GetZ();
Pen.GetAngleXY()	获取 xy 轴所在平面的角度值	double xy=Pen. GetAngleXY();
Pen.GetAngleXZ()	获取 xz 轴所在平面的角度值	double xz=Pen. GetAngleXZ();
Pen. Font(char c[])	设置绘图窗口显示字符的字体，注意字体必须是计算机中已有的字体	Pen.Font(" 楷体 ");
Pen.FontSize(int s)	设置绘图窗口显示字符的字体大小	Pen.FontSize(12);
Pen.Text(int x,int y,int n)	在绘图窗口坐标（x,y）处输出整数 n	在绘图窗口坐标（10, 20）处显示整数 100 的语句为 Pen.Text(10,20,100);
Pen.Text(int x,int y,double value,int ndig)	在绘图窗口坐标（x,y）处输出双精度数 value，ndig 为小数点后显示的位数	Pen.Text(10,20,3. 14159265,5);
Pen.Text(int x,int y,string str)	在绘图窗口坐标（x,y）处输出字符串 str	Pen.Text(10,20, "Hello");
Pen.Text(int x,int y,int z,string str)	在绘图窗口坐标（x,y,z）处输出字符串 str	Pen.Text(10,20,30, "Hello");
Pen.Text(int x,int y,int z,int n)	在绘图窗口坐标（x,y, z）处输出整数 n	Pen.Text(10,20,30, 100);

青少年编程魔法课堂 C++ 图形化创意编程

命令格式	功能说明	示例
Pen.Text(int x,int y,int z,float value,int ndig)	在绘图窗口坐标（x,y）处输出双精度数 value，ndig 为小数点后显示的位数	Pen.Text(10,20,3.14159265,5);
Pen.Color(int r,int g,int b)	设置绘图窗口中画笔的颜色，r、g、b 分别代表红色、绿色、蓝色	设置绘图窗口中画笔的颜色为白色的语句为 Pen.Color(255,255,255);
Pen.Color(int val)	设置绘图窗口中画笔的颜色，val 取值范围为 0~15，其含义为： 0：黑色； 1：蓝色； 2：绿色； 3：青色； 4：红色； 5：洋红色； 6：黄色； 7：白色； 8：黑色； 9：亮蓝色； 10：亮绿色； 11：亮青色； 12：亮红色； 13：亮洋红色； 14：亮黄色； 15：亮白色	设置绘图窗口中画笔的颜色为黑色的语句 Pen.Color(0);
Pen.Color(string str)	设置绘图窗口中画笔的颜色，颜色和字符串 str 的对应关系如下。 红色对应 "RED""red""Red"， 蓝色对应 "BLUE""blue""Blue"， 绿色对应 "GREEN""green""Green"， 紫色对应 "PURPLE""purple""Purple"， 黄色对应 "YELLOW""yellow""Yellow"， 粉色对应 "PINK""pink""Pink"， 褐色对应 "BROWN""brown""Brown"	Pen.Color("YELLOW");

青少年编程魔法课堂 C++ 图形化创意编程

命令格式	功能说明	示例
	白色对应 "WHITE""white""White"， 灰色对应 "GRAY""gray""Gray"， 黑色对应 "BLACK""black""Black"， 橘色对应 "ORANGE""orange""Orange"， 咖啡色对应 "COFFEE""coffee""Coffee"， 金色对应 "GOLD""gold""Gold"， 银色对应 "SILVER""silver""Silver"	
Pen.Point(int x,int y)	在二维坐标（x,y）处绘制一个点	Pen.Point(50,50);
Pen.Point(int x,int y,int z)	在三维坐标（x,y,z）处绘制一个点	Pen.Point(50,50,20);

◎ 数学函数

命令格式	功能说明	示例
Math.Add(string str1,string str2)	高精度加法，获取两个字符串数字 str1+str2 的值	计算 12345678+987654321 的值并赋给字符串 s 的语句为 string s= Math.Add("12345678", "987654321");
Math.Subtrack(string a,string b)	高精度减法，获取两个字符串数字 a-b 的值	计算 123-987 的值并赋给字符串 s 的语句为 string s= Math. Subtrack ("123","987");
Math.Multiply(string a,string b)	高精度乘法，获取两个字符串数字 a*b 的值	计算 123*987 的值并赋给字符串 s 的语句为 string s= Math. Multiply ("123","987");
Math.Division(string a,string b)	高精度除法，获取两个字符串数字 a/b 的值	计算 123/987 的值并赋给字符串 s 的语句为 string s= Math. Division ("123","987");

命令格式	功能说明	示例
Math.Factorial(int n)	高精度阶乘，获取 n! 的值	计算 5！的值并赋给字符串 s 的语句为 string s= Math. Factorial(5);
Math.Convert10_2(int n)	十进制数转二进制数	将十进制数 123 转为二进制数并赋给字符串 s 的语句为 string s= Math.Convert10_2(123);
Math.Convert10_N(int d, int n)	十进制数转 N 进制数	将十进制数 123 转为八进制数并赋给字符串 s 的语句为 string s= Math. Convert10_N(123,8);
Math.ConvertN_10 (string s,int n)	N 进制数转十进制数	将八进制数 123 转为十进制数并赋给字符串 s 的语句为 string s= Math. ConvertN_10("123",8);

◎ 转字符串函数

命令格式	功能说明	示例
IntToString(int n)	将整数 n 转换为字符串	string s=IntToString(12345);
FloatToString(float f)	将单精度浮点数 f 转换为字符串	string s=FloatToString(3.1415);
ChatToString(char c)	将字符变量转换为字符串	string s=CharToString（'c'）;

◎ 多线程函数

命令格式	功能说明	示例

Thread_0(FUNC op)	使用线程 0，必须要实现参数中的 op 函数	下面的程序中使用了两个线程，即线程 0 和线程 1，相对应的回调函数 xyz 和 abc 里的语句将分别被多线程操作。
		
		`#include "picture.h"`
		
		`void xyz()  // 线程 0 的回调函数`
		`{`
		`  while(1)`
		`    cout<<" 线程 0"<<endl;`
		`}`
		
		`void abc()  // 线程 1 的回调函数`
		`{`
		`  while(1)`
		`    cout<<" 线程 1"<<endl;`
		`}`
		
		`int main()`
		`{`
		`  Thread_0(xyz);// 线程 0`
		`  Thread_1(abc);// 线程 1`
		`  Win.Show();`
		`}`

Thread_1(FUNC op)	使用线程 1，必须要实现参数中的 op 函数	参照上例
Thread_2(FUNC op)	使用线程 2，必须要实现参数中的 op 函数	参照上例

命令格式	功能说明	示例
Thread_3(FUNC op)	使用线程 3，必须要实现参数中的 op 函数	参照上例
Thread_4(FUNC op)	使用线程 4，必须要实现参数中的 op 函数	参照上例
Thread_5(FUNC op)	使用线程 5，必须要实现参数中的 op 函数	参照上例
Thread_6(FUNC op)	使用线程 6，必须要实现参数中的 op 函数	参照上例
Thread_7(FUNC op)	使用线程 7，必须要实现参数中的 op 函数	参照上例
Thread_8(FUNC op)	使用线程 8，必须要实现参数中的 op 函数	参照上例
Thread_9(FUNC op)	使用线程 9，必须要实现参数中的 op 函数	参照上例

◎ 模型库函数

命令格式	功能说明	示例
Model.Teapot(int size,int style)	在绘图窗口绘制一个茶壶，其中 size 为茶壶大小，style 为显示风格，1 为实体风格，0 为网格风格	显示一个大小为 50 的实体茶壶的语句为：Model.Teapot(50,1);
Model.Rotate(float ang)	设置二维平面的模型旋转角度为 ang	Model. Rotate(30); Model.Teapot(50,0);

命令格式	功能说明	示例
Model.Material(int v)	设置模型的材质，材质参数从 0~19 和材质颜色对应如下。 0 为标准色，1 为银材质，2 为黄铜材质，3 为青铜材质，4 为亮青铜，5 为铬 6 为亮铜，7 为金，8 为亮金，9 为白蜡，10 为亮银，11 为祖母绿，12 为碧玉，13 为黑曜石，14 为珍珠，15 为红宝石，16 为绿松石，17 为黑塑料， 18 为黑橡胶，19 为紫罗兰	设置茶壶的材质为黄铜材质的语句为： Model. Material(2);
Model.Material()	取消模型的材质设置	Model. Material();
Model.Rotate()	模型的旋转角度恢复为初始值	Model. Rotate();
Model.Rotate(float ang,float x,float y,float z)	设置三维空间的模型旋转角度，其中 ang 为角度，x、y、z 代表 x、y、z 轴的旋转角度比值	Model.Rotate(30,2,1,1); Model.Teapot(50,0);
Model.Arc(int r,int ang1,int ang2,int width)	在二维平面绘制一个圆弧，其半径为 r，起始角度为 ang1，结束角度为 ang2，宽度为 width	Model. Arc(50,0,90,5);

命令格式	功能说明	示例
Model.Pentagram1(int v)	线条五角星，其中 v 为大小	Model.Pentagram1(80);
Model.Pentagram2(int v)	空心平面五角星，其中 v 为大小	Model.Pentagram2(80);
Model.Pentagram3 (int v)	实心平面五角星	Model.Pentagram3(80);
Model.Pentagram3D (int v,int h)	立体五角星，其中 v 为大小，h 为厚度	Model. Pentagram3D(30,20);
Model.Rectangle1 (int x,int y)	空心平面长方形，其中 x 为宽，y 为高	Model.Rectangle1(30,20);
Model.Rectangle2 (int x,int y)	实心平面长方形，其中 x 为宽，y 为高	Model.Rectangle2(30,20);

命令格式	功能说明	示例
Model.Triangle(int x1,int y1,int x2,int y2,int x3,int y3)	绘制平面三角形，3个顶点的坐标分别为 ($x1,y1$)、($x2,y2$)、($x3,y3$)	Model.Triangle(0,0,20,0, 30,30);
Model.Triangle(int x1,int y1,int z1,int x2,int y2,int z2,int x3,int y3,int z3)	绘制立体三角形，三维空间的3个点确定一个三角形，其坐标分别为 ($x1,y1,z1$)、($x2,y2,z2$)、($x3,y3,z3$)	Model.Triangle(0,0,0, 20,-20,30,30,30,40);
Model.Triangle(int x1,int y1,int x2,int y2,int x3,int y3,int c[3][3])	绘制平面彩色三角形，c[3][3] 为3个顶点的 RGB 值，三角形颜色将以过渡色显示	int c[3][3]={255,0,0,0,255,0, 0,0,255}; Model.Triangle(0,0,30,0,30, 30,c);
Model.Triangle(int x1,int y1,int z1,int x2,int y2,int z2,int x3,int y3,int z3,int c[3][3])	绘制立体彩色三角形，三维空间的3个点确定一个三角形，其坐标分别为 ($x1,y1,z1$)、($x2,y2,z2$)、($x3,y3,z3$)，c[3][3] 为3个顶点的 RGB 值，三角形颜色将以过渡色显示	int c[3][3]={255,0,0,0, 255,0,0,0,255}; Model.Triangle(0,0,30,30, 0,20,30,30,-20,c);

青少年编程魔法课堂 C++ 图形化创意编程

命令格式	功能说明	示例
Model.Triangle(int x1,int y1,int x2,int y2,int x3,int y3,int h)	带厚度的三角形，3个顶点的坐标分别为（x1,y1）、(x2,y2)、(x3,y3)，h为厚度	Model.Triangle(0,0,30,30,0,20,20);
Model.TriangleS(int num,int N[][2])	平面连续三角形，num表示顶点数，N[][2]保存各顶点的坐标（注意此处x轴和y轴的值是颠倒的），绘制方式是首先前3个顶点组成一个三角形，随后每一个顶点都和最后产生的边组成一个新三角形	Model. int c[4][2]={0,0,-20,20,10,10,0,80}; Model.TriangleS(4,c);
Model.TriangleS(int num,int N[][2],int c[][3])	平面连续彩色三角形，num表示顶点数，N[][2]保存各顶点的坐标，绘制方式是首先前3个顶点组成一个三角形，随后每一个顶点都和最后产生的边组成一个新三角形	int c[4][3] = {255,0,0,0,255,0,0,0,255,255,255,0}; int p[4][2]={0,0,-20,20,10,10,0,80}; Model.TriangleS(4,p,c);
Model.TriangleS(int num,int N[][3])	立体连续三角形，N[][3]保存各顶点的坐标	参考上例

青少年编程魔法课堂 C++ 图形化创意编程

命令格式	功能说明	示例
Model.TriangleS(int num,int N[][3],int c[][3])	立体连续彩色三角形，N[][3] 保存各顶点的坐标，c[][3] 保存各顶点的颜色	参考上例
Model.Circle1(int v)	绘制一个空心圆，大小为 v	Model. Circle1(30);
Model.Circle2(int v)	绘制一个实心圆，大小为 v	Model. Circle2(30);
Model.Elliptic1(int x,int y)	绘制一个空心椭圆，x 表示长，y 表示宽	Model.Elliptic1(30,20);
Model.Elliptic2(int x,int y)	绘制一个实心椭圆，x 表示长，y 表示宽	Model.Elliptic2(30,20);
Model.Elliptic(int x,int y,int h)	绘制一个带厚度的实心椭圆,x 表示长,y 表示宽,h 表示厚度	Model.Elliptic(30,20,20);
Model.Pentagon(int v)	绘制一个平面实心五边形，大小为 v	Model.Pentagon(30);

命令格式	功能说明	示例
Model.Polygon1(int n,int v)	绘制一个空心正n边形，v为大小	Model.Polygon1(6,30);
Model.Polygon2(int n,int v)	绘制一个实心正n边形，v为大小	Model.Polygon2(6,30);
Model.Polygon3(int n,int arr[][2])	连接各顶点绘制一个空心多边形，顶点的坐标保存在arr[][2]中	int p[4][2]={0,0,−20,20,10,10,0,80}; Model.Polygon3(4,p);
Model.Polygon4(int n,int arr[][2])	连接各顶点的坐标绘制一个实心多边形，顶点的坐标保存在arr[][2]中	int p[4][2]={0,0,20,−20,50,10,10,30}; Model.Polygon4(4,p);
Model.Fan(int R,int angle)	绘制一个平面扇形，R为半径，angle为角度	Model. Fan(30,60);
Model.Fan(int R,int angle,int h)	绘制一个立体扇形，R为半径，angle为角度，h为厚度	Model. Fan(30,60,20);

青少年编程魔法课堂 C++ 图形化创意编程

续表

命令格式	功能说明	示例
Model.SuperStar(int v,int num)	绘制一个放射状球体，v 为半径，num 为片段数	Model.SuperStar(50,20);
Model.SuperSphere (int v,int num)	绘制一个特殊的线条状球体，v 代表大小，num 表示线条数，取值范围为 2~15	Model.SuperSphere (50,15);
Model.SuperElliptic (int x,int y,int num)	绘制一个特殊的线条状椭球体，x 代表长，y 代表宽，num 表示线条数，取值范围为 2~15	Model.SuperElliptic (50,20,15);
Model.Cube(float size,int sty)	绘制一个正方体，size 代表大小，sty 表示显示风格，0 为线条，1 为实体	Model.Cube(50,0);
Model.Sphere(float radio,int slice,int sty)	绘制一个球体，radio 表示大小，slice 表示片段数，sty 表示显示风格，0 为线条，1 为实体	Model.Sphere(50,30,0);

命令格式	功能说明	示例
Model.Cone(float radio,float h,int slice,int sty)	绘制一个圆锥体，radio 为圆半径，h 为高，slice 为片段数，sty 为 0 时显示网格状圆锥体，为 1 时显示实体圆锥体	Model.Cone(50,60,10,0);
Model.Torus(float in,float out,int slice,int sty)	绘制一个圆环体，in 为内径，out 为外径，slice 为片段数，sty 为显示风格，0 为线条，1 为实体	Model.Torus(20,40,20,0);
Model.Cube4(int v,int sty)	绘制一个四面体，v 为大小，sty 为 1 时显示实体，为 0 时显示线条	Model.Cube4(50,0);
Model.Cube8(int v,int sty)	绘制一个八面体，v 为大小，sty 为 1 时显示实体，为 0 时显示线条	Model.Cube8(50,1);
Model.Cube16(int v,int sty)	绘制一个十六面体，v 为大小，sty 为 1 时显示实体，为 0 时显示线条	Model.Cube16(50,1);
Model.Cube20(int v,int sty)	绘制一个二十面体，v 为大小，sty 为 1 时显示实体，为 0 时显示线条	Model.Cube20(50,1);

命令格式	功能说明	示例
Model.ColorPyramid (int lenth,int height)	绘制一个彩色金字塔，lenth 为底面边长，height 为高	Model.ColorPyramid(50, 50);
Model.Pyramid(int lenth,int height)	绘制一个金字塔，lenth 为底面边长，height 为高	Model.Pyramid(50,50);
Model.ColorCuboid (int x,int y,int z)	绘制一个彩色长方体，x、y、z 为长方体的长、宽和高	Model.ColorCuboid(30, 20,15);
Model.Cuboid(int x,int y,int z)	绘制一个长方体，x、y、z 为长方体的长、宽和高	Model.Cuboid(30,20,15);
Model.ColorSphere (int r,int x,int y)	绘制一个彩色球体，r 为半径，x 和 y 分别为横切片数和纵切片数	Model.ColorSphere (50,10,20);
Model.MagicSphere (int r,int x,int y)	绘制一个变色球体，r 为半径，x 和 y 分别为横切片数和纵切片数	Model.MagicSphere(50, 10,20);

命令格式	功能说明	示例
Model.ColorElliptic (int x,int y,int l,int w)	绘制一个彩色椭球体，x 和 y 为长和宽，l 和 w 为横切片数和纵切片数	Model.ColorElliptic(50, 10,10,20);
Model.MagicElliptic (int x,int y,int l,int w)	绘制一个变色椭球体，x 和 y 分别为长和宽，l 和 w 分别为横切片数和纵切片数	Model.MagicElliptic(50, 10,20,20);
Model.Cylinder(int r1,int r2,int h)	绘制一个圆锥台，r1 为顶部圆半径，r2 为底部圆半径，h 为高	Model.Cylinder(40,50, 30);
Model.MagicCylinder (int r1,int r2,int h)	绘制一个变色圆锥台，r1 为顶部圆半径，r2 为底部圆半径，h 为高	Model.MagicCylinder (50,40,30);
Model.MagicCup(int r1,int r2,int h)	绘制一个变色杯，r1 为顶部圆半径，r2 为底部圆半径，h 为高	Model.MagicCup(50, 30,40);
Model.MagicCircular(int r1,int r2,int h)	绘制一个变色圆管，r1 为顶部圆半径，r2 为底部圆半径，h 为高	Model.MagicCircular (50,40,30);

青少年编程魔法课堂 C++ 图形化创意编程

命令格式	功能说明	示例
Model.ColorCircular (int r1,int r2,int h)	绘制一个彩色圆管，r1 为顶部圆半径，r2 为底部圆半径，h 为高	Model.ColorCircular (50,40,30);
Model.ColorCup(int r1,int r2,int h)	绘制一个彩色杯，r1 为顶部圆半径，r2 为底部圆半径，h 为高	Model.ColorCup(50, 40,50);
Model.Cup(int r1,int r2,int h)	绘制一个单色杯，r1 为顶部圆半径，r2 为底部圆半径，h 为高	Model.Cup(50,40,40);
Model.ColorCylin der(int r1,int r2,int h)	绘制一个彩色圆锥台，r1 为顶部圆半径，r2 为底部圆半径，h 为高	Model.ColorCylinder (40,50,40);
Model.Circular(int r1,int r2,int h)	绘制一个单色圆管，r1 为顶部圆半径，r2 为底部圆半径，h 为高	Model.ColorCircular (50,40,30);

命令格式	功能说明	示例
Model.Disc(int r1,int r2,int stick)	绘制一个单色圆环，r1 为内径，r2 为外径，stick 为精度	Model.Disc(30,50,50);
Model.PartDisc(int p1,int p2,int r1,int r2,int stick)	绘制单色圆环的一部分，p1 为起始角度，p2 为结束角度，r1 为内径，r2 为外径，stick 为精度	Model.PartDisc(30,90, 30,50,30);
Model.Pyramid(int l,int n,int h)	绘制一个正 n 棱锥，l 为底边长，h 为高	Model.Pyramid(40,6,50);
Model.HalfSphere (int r,int cut)	绘制一个半球，r 为半径，cut 为切割部位	Model.HalfSphere(50,30);
Model.Cut(string cut,int where)	切割后面绘制的物体，where 是切割部位，cut 为切割方向，cut 的取值和方向的对关系如下。"Front" 或 "front" 表示向前，"Back" 或 "back" 表示向后，"Down" 或 "down" 表示向下，"Up" 或 "up" 表示向上，"Left" 或 "left" 表示向左，"Right" 或 "right" 表示向右	Model.Cut("Down",0); Model.Sphere(50,30,1); Model.Cut();// 切割结束

青少年编程魔法课堂 C++ 图形化创意编程

续表

命令格式	功能说明	示例
Model.Cut()	结束切割，如果没有这一句，当切割语句执行时，后面的所有物体都将被切割	Model.Cut();
Model.Polygon2(int n,int r,int h)	绘制一个立体正n边形，r 为大小，h 为厚度	Model.Polygon2(6,50,60);
Model.Polygon4(int n,int arr[][2],int h)	绘制一个立体多边形，arr[][2] 用于保存顶点坐标，h 为厚度	int p[4][2]={0,0,20,-20,50,10,10,30}; Model.Polygon4(4,p,20);
Model.Heart(int v,int h)	绘制一个立体心形，v 为大小，h 为厚度	Model.Heart(32,20);

◎ 实时绘制语句

命令格式	功能说明	示例
Cmd.Input()	开启实时绘制模式，该模式支持大多数绘图命令，暂不支持浮点数和数组的输入	Cmd.Input();
Bye()	退出实时绘制模式	Bye();
Clear()	清除之前所有的实时绘图命令	Clear();
Clear(n)	清除之前的 n 条绘图命令，n 为一个具体的数字	清除前 5 句绘图命令：Clear(5);